U0149438

图画通识丛书
A Graphic Guide

博弈论

Introducing
Game Theory

伊万·帕斯丁 (Ivan Pastine)

图瓦娜·帕斯丁 (Tuvana Pastine) / 文

汤姆·哈姆博斯通 (Tom Humberstone) / 图

李正伦 / 译

三联书店

图书在版编目（CIP）数据

博弈论／（英）伊万·帕斯丁，（英）图瓦娜·帕斯丁文；
（英）汤姆·哈姆博斯通图；李正伦译．—北京：
生活·读书·新知三联书店，2020.1 （2022.7重印）
（图画通识丛书）
ISBN 978 - 7 - 108 - 06712 - 8

Ⅰ．①博⋯　Ⅱ．①伊⋯　②图⋯　③汤⋯　④李⋯　Ⅲ．①博弈论
Ⅳ．① O225

中国版本图书馆 CIP 数据核字（2019）第 219552 号

责任编辑　周玖龄
装帧设计　张　红
责任校对　陈　明
责任印制　卢　岳
出版发行　**生活·讀書·新知** 三联书店
　　　　　（北京市东城区美术馆东街 22 号 100010）
网　　址　www.sdxjpc.com
图　　字　01-2018-7864
经　　销　新华书店
印　　刷　北京隆昌伟业印刷有限公司
版　　次　2020 年 1 月北京第 1 版
　　　　　2022 年 7 月北京第 2 次印刷
开　　本　787 毫米 × 1092 毫米　1/32　印张 5.75
字　　数　50 千字　图 171 幅
印　　数　8,001－9,000 册
定　　价　35.00 元
（印装查询：01064002715；邮购查询：01084010542）

目　录

什么是博弈论

博弈论是一套用于情景分析的工具，在这些情景中，个体的最佳行动方案取决于其他人如何行动，或被期望如何行动。博弈论让我们理解人们在互相联系和影响的情景下如何行动。

人与人之间的联系出现在各种各样的情景下。有时候通过与他人**合作**（cooperation），我们可以比自己独自行动得到更多。在另外的时候，当个体以他人为代价获益，**冲突**（conflict）就会出现。在很多情景下，合作的益处存在，但冲突的元素也存在。

因为博弈论能帮我们分析一个人的最佳行动是如何取决于他人行为的那些情景，它的有用性在许多领域都得到了证明。

在**经济学**中，对竞争者在产品、定价和广告上行动的预期，会影响厂商的决策。

在**政治学**中，一名候选人的政策平台受到他的政敌所宣布的政策的影响。

在**生物学**中，动物必须为稀缺的资源展开竞争，但如果面对错误的对手过于有攻击性，就可能受伤。

在**计算机科学**中，联网的电脑为带宽而展开竞争。

在**社会学**中，公开展示不循常规的态度受到他人行为的影响，而后者是为社会文化所塑造的。

只要有**战略互动**（strategic interaction）的地方，只要你的表现既取决于其他人的行为也取决于你自己的选择，博弈论就有用武之地。在这些情景下，人们的行为受到他们对他人行为的预期的影响。

何以得名"博弈论"？

博弈论是研究战略互动的一门学科。战略互动也是大多数棋盘游戏的核心要素，这也就是它得名的来源[*]。你的决策影响到其他玩家的行为，反过来也是一样。

博弈论里的大多词汇都是直接从游戏里借用来的。决策者叫作"**玩家**"（players）。玩家在做决策时像下一步棋那样**行动**（move）。

有时候我都忘了我不是在下棋。

---

[*] 在英文中，"游戏"和"博弈"都是"game"一词。——译者注

与模型打交道

现实世界的战略互动可以非常复杂。以人与人的互动为例，影响他人的并不仅仅是我们的决策，还有我们的表情，我们说话的语气，以及我们的肢体语言。人们在与他人的交往中带入不同的历史观和对事物的看法。这种无限多样化会创造出非常复杂的情况，难以进行分析。

我们可以通过创造简化的结构来绕开这种复杂性，这叫作**模型**（models）。模型既简单到可以展开分析，又能捕捉到现实世界中问题的特征。一个精心选择的简单模型可以帮我们学到关于复杂的现实世界的有用知识。

象棋游戏对理解情况变化对博弈的进行（与预测）和结果所带来的复杂性很有帮助。在象棋里有完善制定的游戏规则。每一步棋都只有有限的行动选项。然而这个游戏的复杂性依然吓人，尽管这已经比哪怕最基本的人与人互动简单多了。

"打成平局"

象棋这种复杂的棋盘游戏有一个特点，那就是对垒的玩家技术越高超，越是容易经常出现平局。我们怎么解释这个现象呢？

因为象棋本身实在太复杂以至于难以充分分析，我们来做个简单的、包括象棋基本特点的模型：画圈打叉游戏（井字棋）。象棋和画圈打叉游戏都有明确定义的棋盘和获胜条件。玩家轮流出招，从有限的行动选项中做选择。

象棋中发生的很多事情并未出现在画圈打叉游戏里。但正因为这两种游戏包含了一些重要的共同特点，画圈打叉游戏可以帮我们更好地理解为什么熟练玩家更容易打成平局。

画圈打叉游戏对小朋友来说很有趣。虽然非熟练玩家之间的对垒通常能决出胜负，但经过一点练习后你就能很快学会通过**逆向归纳**（backward induction）来推理：你能想到对手如何应对你可能的行动，从而在决定如何出招之前把这个纳入考虑。

　　一旦玩家学会了如何通过逆向归纳来推理，那么所有的画圈打叉游戏就都可能以平局结束了。从这种意义上来说，画圈打叉游戏就扮演着象棋游戏的简单模型的角色。象棋游戏里的可能行动要多得多，但是，当对垒双方是熟练玩家的时候，它同样可能以平局收场。

与复杂性打交道：艺术与科学

博弈论的首要关切不是象棋这样的游戏。它的目标是当实际问题太过复杂以至于难以被充分理解时，增进我们对人与人、公司与公司、国家与国家，或动物与动物等群体之间互动的理解。

在博弈论里要做到这些，我们要创造一些非常简化的模型，它们就叫作**博弈**（games）。创造一个有用的模型既是一门科学也是一种艺术。一个优秀的模型要足够简单，简单到让我们能完全理解驱动玩家行动的逻辑。与此同时，它还必须捕捉到现实世界中的重要元素，这就需要模型设计者有创造性的洞见和判断力，来决定哪些元素是最相关的。

任何情景下都不是只存在一种唯一正确的模型。可以有很多种模型存在，每一种强调着现实战略互动中的一个不同的方面。

理性

博弈论通常假设理性玩家，以及这种理性是公开的知识。**理性**（rationality）是指，玩家理解博弈的设计，并且以理性的能力来实施行动。

关于理性的共同知识（common knowledge of rationality）是一个更加微妙的要求。我们双方不仅都要理性，而且我要知道你是理性的。我还要有一个第二层的知识：我必须要知道你知道我是理性的。我同时要有一个第三层的知识：我必须要知道你知道我知道你知道我是理性的。以及以此类推的更深层次。对理性的共同知识要求我们能够无限地延续这种链式知识。

凯恩斯的选美比赛

视理性为共同知识这个要求读起来非常有迷惑性。但更糟的是，一到现实中它可能就破碎了，尤其是在玩家众多的博弈中。一个经典的案例是**凯恩斯的选美比赛**（Keynes' Beauty Contest），它源自英国经济学家**约翰·梅纳德·凯恩斯**（John Maynard Keynes，1883—1946）。凯恩斯把金融市场上的投资行为与一家报纸举办的"最美脸蛋"竞赛联系起来。这场竞赛中，获胜的读者是选出那个被其他读者最多选出的脸蛋的那位。

"这种情况并不是要人们发挥自己最佳的判断力，选出真正最漂亮的脸蛋，甚至也不是大众观念里真心认为最漂亮的……在这里我们把自己的智力拿来预判大众观念所预期的大众审美观念是怎样。"

约翰·梅纳德·凯恩斯

乍一看，凯恩斯的选美比赛与金融市场没什么关系：这里面没有价格，也没有买家和卖家。但它们有着很关键的共同特点。在金融市场上的成功取决于比众人多算一步。如果你能**预测大众投资者的行为**，那么你就能招招制胜。同样地，在凯恩斯的选美比赛里，如果你能预测报纸读者的一般选择，你就能赢。

塞勒的猜测博弈

1997 年，美国行为经济学家**理查德·塞勒**（Richard Thaler，1945—）在《金融时报》进行了一场**猜测博弈**（Guessing Game）实验，这是凯恩斯选美比赛的一个版本。

猜猜这个数字！

读者在 0 到 100 之间挑一个数字。谁挑的数字是所有竞猜者挑选数字平均值的 2/3，谁就是获胜者。

你会挑哪个数字呢？

如果所有人都在 0 和 100 之间随机挑选一个数字，那么平均数将是 50。

$$2/3 \times 50 = 33$$

但是，其他人也会像我这样想——其他人也都是理性的。这样的话，我预期大众的平均数会是 33。所以我应该挑选 33 的 2/3，也就是 22。

但我知道其他所有人也知道所有人都是理性的，所以其他人很可能也会选 22。所以我应该选 22 的 2/3，也就是 15 上下。但是……

在塞勒的《金融时报》实验中，这家报纸收到了超过一千个参赛数字。数字 33 是选择最多的数字，紧随其后的是 22。这揭示了很多人推理了一步，然后选择了 33。但也有很多人想到：其他读者会推理到此为止，于是试图比他们多算一步，从而选择了 22（也就是 33 的 2/3）。

如果你相信其他人会在第一步推理后就停下来，那么你在第二步推理后停下来就是理性的。

理查德·塞勒

然而，如果理性是共同知识的话，你知道其他人不会在第一步推理后就停下来，所以你可以永远**迭代推理**（iterative reasoning）下去——这种推理是重复同一流程的推理，这一轮的结果会成为下一轮推理的起始点。

博弈论学家用类似的方式解决猜测游戏，他们**迭代剔除劣势策略**（iterative elimination of dominated strategies）。

记得你要找的是所有进入竞赛的数字平均值的 2/3。如果所有参赛者要挑选所被允许的最大数字 100，那么平均数就是 100。所以，不管你期望平均数是多少，要猜一个大于 100 的 2/3 即 67 的数字，就是不合理的。

换句话说，任何猜大于 67 的数字的策略，都被 67 所**占据优势**（dominated）。如果一个策略（在这里，猜一个大于 67 的数）总不如另一个策略（猜 67），不管其他玩家如何行动，就称它被**占优**了。所以，就算其他人都不是理性的，任何一种猜大于 67 的策略都可以排除掉。

如果所有其他人都是理性的，那么每个玩家都可以推理：没有人会猜大于 67 的数字。因此，猜大于 45（最接近 67 的 2/3 的整数）的数字的那些策略也可以被淘汰了。接着，因为每个玩家都知道其他人也知道所有人都是理性的，每个人都知道不会有人选大于 45 的数，所以他们自己就不会挑一个大于 30——也就是 45 的 2/3——的数字。

在猜数字游戏里，迭代推理导致了越来越小的数字，直到所有大于 0 的数字都被淘汰，成为劣势策略。因此，理性而又知道理性是共同知识的人，会挑 0。

理性，与作为共同知识的理性的问题

然而，0 却并非这个《金融时报》实验的获胜数字。所有参与者的平均数字是 19，所以获胜者挑选的数字是 13。

获胜的数字比博弈论学家所预计的要高得多。博弈论哪里出了问题呢？博弈论还有没有预测能力？

在这个案例中，对理性和理性作为共同知识的假设并未得到满足。例如，很多参赛者挑了 100 这个数字，这就不是理性的。即使有谁错误地预期其他人会挑 100，那么最佳的选择数字也会是 67。这些参与者或者并未完全理解游戏规则，或者不能算出 100 的 2/3 来。

理性这个概念对不受限的认知能力有要求。"完全理性的人"知道所有数学问题的答案，并且能立即进行所有的计算，不管难度如何。人类行为可能更接近于**受限的理性**（bounded rationality）。也就是说，人类理性为决策问题的易处理性（处理难度）、人类思维的认知能力、可用于做决策的时间，以及这个决策对我们的重要性所限制。

不存在无法应用理性解决的问题。

我不知道该从哪里下手解决这个问题，而且我只有一周的时间来处理了。那么，不妨试试这样做……

除了我们的有限理性，在参与者众多的情况下，比如在上述猜数字游戏里，很难想象理性是共同知识这个假设能成立。**就算所有玩家都是理性的**，如果你认为其他玩家并不清楚你也很理性，那么你就不会挑 0 这个数字。结果是你会猜一个大于 0 的数字。

泡沫与崩溃：理性在金融市场上的应用

猜数字游戏和凯恩斯的选美比赛可以解释金融市场上的有趣现象：**泡沫**（bubbles）——过度膨胀的价格——尽管所有的参与者都是理性的。这是因为理性作为共同知识的缺失。

一位基金经理可以很清楚目前的某只股票的价格并不反映这家公司的真实价值。然而，如果他预期其他人预判这只股票会继续涨价，那么他买下这只股票，希望在未来能以更高价卖掉，就是理性的。他的购买决定会推高今天的股价，制造出一个价格泡沫，尽管所有的交易者都是理性的。

同步行动博弈

通常，玩家在做决定的时候并不知道其他玩家的行动。具有这种特点的博弈被称为**同步行动博弈**（simultaneous-move games）。在一些情况下，玩家实实在在是在同时做着决定。在另外一些情况下，他们可能在不同的时间做决定。但只要他们在做决定的时候并不知道其他人的行动，我们就可以认为他们是在"同步行动"。

考虑这个例子：兔子影业制作了一部出色的超级英雄圣诞电影。它可以在 10 月或 12 月上线这部电影。

兔子影业的一个主要竞争者——黄鼠狼电影工作室，制作了一部耗资巨大的糟糕电影。影片中扮演情侣的男女主演看起来就像无法忍受对方那样，拿出了差劲的表演。黄鼠狼电影工作室也有两种选择：在 10 月或 12 月上线电影。

12 月去电影院的人比 10 月的要多，因此 12 月上线对两家公司都颇有吸引力。但两部影片所瞄准的是同一个观众群。如果它们在同一个月上映的话，就会吸引走对方的观众。

　　每家公司的营收不仅取决于它们自己的上映日期，也取决于对手的上映日期。因此，这两家公司就面临着一个**战略互动**。每家电影公司从自己的上映日期选择所得到的回报也将取决于对手的选择。

博弈的策略表格

我们可以在一个表格里列出玩家所有可能的**行动**（在 10 月或 12 月上映电影）和**回报**（收益），来分析这个博弈。这叫作博弈的**策略**（或**正常**）**表格**。博弈的策略表格也称**支付矩阵**（payoff matrix）。

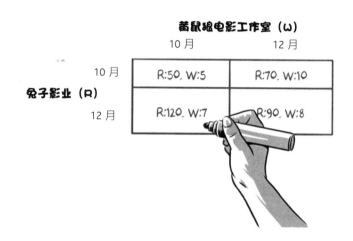

表格中的列代表兔子影业的选择—— 10 月或 12 月——行则代表着黄鼠狼电影工作室的选择。在行和列相交的格子里，我们填写两个玩家的回报：在这里也就是两家公司的营业收入。

这个矩阵给出了这场博弈的各种可能结局，明确了在各种结局下各个玩家的收益。两个工作室都明白这个支付矩阵，并且清楚双方都面对着同一个矩阵。

博弈回报

收益数字的含义随着所分析的问题而变。在这个电影上映的案例中，收益数字是电影在各种可能的情景下所预期的收入（单位是百万英镑）。

在其他的应用案例中，收益数字会有其他的意义。在生物学里，他们通常是玩家的"适应度"，它与动物繁衍和延续种族的机会相关。在经济学和社会学等学科的很多应用中，收益数字代表着玩家的相对"幸福"或"效用"。

为幸福和适应度设定数字值可能看起来很奇怪。然而，对玩家的决策来说，重要的不是数字本身，而是他们的决策如何互相联系。

对结果的偏好才是电影工作室之间的战略互动中唯一重要的。我们需要了解的只是，对各个玩家来说，哪些结果较好，哪些较差。这些数字只是为了方便表达对结果的偏好的一种方式。

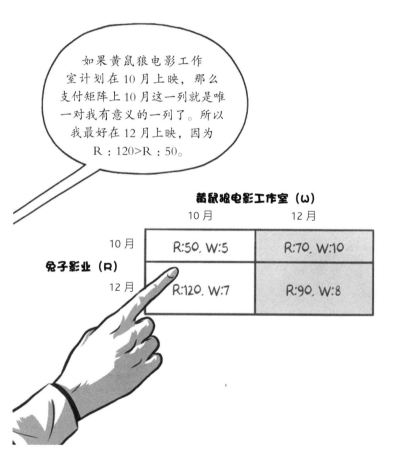

当然，在很多重要的情形下人们也会在关心自己收益的同时，关心其他玩家的收益——家庭成员和朋友想让双方都开心；离婚之中的夫妻和商业竞争对手想互相伤害。

这些情况很容易用博弈论来分析，只需在博弈中加入玩家**所有的**欲求：在写下收益数字的时候，既关注己方的损益，也把帮助或伤害对方的欲求考虑进来。表格中的收益数字代表着玩家从每种结局中得到的**总收益**：在一种结局下玩家既可以**直接**获益，也可以通过伤害或帮助对方**间接**获益。这里的收益数字包含了他们所关心的所有欲求。

一旦我们在战略表格里写出这场博弈，每个玩家就只需要关心如何提升自己的收益了。

纳什均衡

既然这个博弈已经明确写在了策略表格里，我们就可以开始考虑可能发生的情况了。

博弈论中一个奠基性的概念是**纳什均衡**（Nash equilibrium），因美国数学家**约翰·纳什**（John Nash，1928—2015）得名。纳什并非纳什均衡概念的发明者，这个概念要古老得多，但他将这一概念应用到一般性的博弈数学分析之中，而非只是用在具体的例子上，在他之前则只有具体例子上的应用。

我们应当期望每名玩家都在其他玩家行为的基础上竭尽自己所能。

约翰·纳什

纳什均衡的概念既简单又有力：在均衡中每名理性玩家都挑选他或她的**最佳回应**（best response）来应对其他玩家的选择。也就是，他或她在其他玩家行为给定的情况下，选择最佳行动方案。

兔子影业的最佳回应

●如果兔子影业预期黄鼠狼电影工作室在 10 月上映，那它的最佳回应就是在 12 月上映，因为 R：120>R：50。在 R：120 下面画线。

●如果兔子影业预期黄鼠狼电影工作室在 12 月上映，那它的最佳回应也是在 12 月上映，因为 R：90 > R：70。在 R：90 下面画线。

黄鼠狼电影工作室的最佳回应

●如果黄鼠狼电影工作室预期兔子影业在 10 月上映，那它的最佳回应就是在 12 月上映，因为 W：10>W：5。在 W：10 下面画线。

●如果黄鼠狼电影工作室预期兔子影业在 12 月上映，那它的最佳回应也是在 12 月上映，因为 W：8>W：7。在 W：8 下面画线。

在均衡状态下，两家工作室都会在 12 月上映电影。这是两者都针对对方行为所做的唯一最佳回应。如果有一家在 12 月上映，那么另一家的最优选择也是在 12 月。

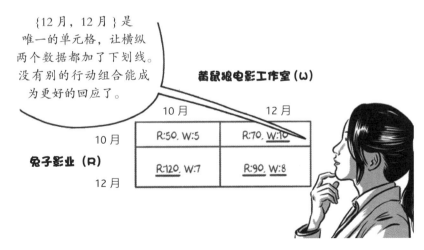

{12 月，12 月}是唯一的单元格，让横纵两个数据都加了下划线。没有别的行动组合能成为更好的回应了。

黄鼠狼电影工作室（W）

	10 月	12 月
	R:50, W:5	R:70, W:10
	R:120, W:7	R:90, W:8

兔子影业（R）

10 月

12 月

纳什均衡的一个特点是，它是**无须后悔的**（regret free）。如果偏离 12 月上映的均衡策略的话，没有一家工作室会因此获益。纳什均衡同样还是一种**理性预期**（rational expectations）的均衡。在均衡状态下，兔子影业带着黄鼠狼电影工作室在 12 月上映电影的预期，也在 12 月上映。的确，黄鼠狼电影工作室挑选了 12 月作为自己的上映日期。因此，上述预期是正确的。

囚徒困境

博弈论中最著名的悖论，就是**囚徒困境**（Prisoners' Dilemma）了。它因加拿大数学家**阿尔伯特·塔克**（Albert Tucker，1905—1995）得名。塔克教授的困境博弈直接来源于一部好莱坞犯罪剧，剧中两个囚徒各自得到了一份供出对方的认罪协议。这个博弈展示了人们为共同利益而合作的难度，因为人们都追求自身的利益。

囚徒困境博弈所表现的激励模式是很常见的，对分析各种领域的问题都很有用处，从经济学中厂商之间的竞争，到社会学中的社会规范，到心理学中的决策制定，到生物学中的动物为稀缺资源的竞争，到工程学中计算机系统为网络带宽展开的竞争。

阿兰和本因为一起偷车而被捕了。警察怀疑他们还卷入了一桩交通肇事逃逸案，但并没有证据能给他们定罪。这两个囚犯被分别关在两个房间里审问。

　　阿兰和本各自有两种可能的行动：保持沉默，或者坦白。因此，这场博弈有四种可能的结果：

　　阿兰沉默，本沉默；
　　阿兰坦白，本沉默；
　　阿兰沉默，本坦白；
　　阿兰坦白，本坦白。

这个囚徒困境可在一个策略表格里表述，在支付矩阵中的每一行代表阿兰的一个可能的选择，每一列代表本的一个可能的选择。在每个行与列的相交单元格里，我们填入每位玩家的回报：在这里是服刑时间。

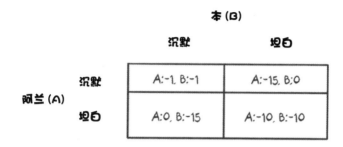

		本 (B)	
		沉默	坦白
阿兰 (A)	沉默	A:-1, B:-1	A:-15, B:0
	坦白	A:0, B:-15	A:-10, B:-10

如果阿兰和本双双保持沉默，那么他们都将作为侠盗猎车手入狱一年。这是个负面的结局，所以他们的收益都是负的（阿兰：-1，本：-1）。如果他们双双坦白，每人都入狱十年（A：-10，B：-10）。

为了得到一份肇事逃逸的供词，我们提供了一个认罪辩诉协议。如果只有一个囚徒坦白并且供出另一人，那么他就可以自由离开，而另一人将入狱15年。

囚徒们懂得支付矩阵，并且知道他们面对着同一个矩阵。

这是个同步行动博弈：尽管囚徒们并不一定按照字面意义上"同步"做出决策，但我们还是可以这样认为，因为玩家被分在不同的房间里，因此在做出自己的选择时，互相都不知道对方的决定。

注意，在把这场博弈写入策略表格时，我们完全不提及最可能发生什么。我们仅仅把所有潜在的结果写下来，不管合理与否，然后记录下在一种结果发生时，各个玩家得到的收益是多少。

现在我们已经把问题写在策略表格上了，我们也就可以开始分析可能发生的情况了。

很显然，如果阿兰和本能够共同给出一个回应，那么他们都会保持沉默，以便各自只入狱一年。

但这并不是均衡结果。对阿兰来说，"坦白"策略**严格占优于**（strictly dominates）"沉默"策略：不管他期待本如何做，坦白总是一个更好的选择。

如果本坦白，那么我最好也坦白，因为 10 年刑期比 15 年好。
如果本保持沉默，我最好还是坦白，因为被无罪释放比入狱一年要好。

在囚徒困境中，两名玩家在纳什均衡下都坦白。这一结果的一种标准写法是：

{ 坦白，坦白 }

这首先给出了行玩家（阿兰）的选择，然后是列玩家（本）的选择。在均衡状态下，两位囚徒都会入狱 10 年。

我们入狱 10 年，是因为我们都坦白了。如果我们没有坦白，我们只会各自得到 1 年刑期。

没错！
但如果我告诉你，我不会坦白，你仍然会坦白，以便避免入狱。那么我就得到 15 年刑期了。我很高兴我坦白了。

帕累托效率

一个很有意思的问题是，在这场囚徒困境博弈里，这个纳什均衡是否**帕累托有效**（Pareto efficient）。一个帕累托有效的结果是，没有别的潜在的结果能让一些人境遇更好，而没有任何人境况更差。这个分配效率概念因意大利经济学家**维尔弗雷多·帕累托**（Vilfredo Pareto，1848—1923）得名。

如果一个结果并非帕累托有效，那么这就意味着有人仍然可以无须损害他人利益而改善自己的状况。

维尔弗雷多·帕累托

囚徒困境的纳什均衡下的结果并非帕累托有效，因为每个囚徒的境况都会得到改善——如果两人都保持沉默的话，所谓"囚徒困境"就是这么来的。

然而，在很多别的博弈中，纳什均衡是帕累托有效的。例如，在电影公司的博弈中，纳什均衡的结果之外，就不存在别的结果能让一家公司境况改善而不损伤另一家。

网络工程学

因徒困境中所描绘的情况，也可以在各种情境下找到。的确，一旦我们开始通过这种镜头观察世界，我们就很难不处处看到囚徒困境了。

例如，当无线网络的路由器，比如无线 Wi-Fi 路由器或手机信号塔使用同一频率，并且处在各自的信号范围之内时，它们就会互相干扰对方的通信，把双方的速度都拖慢。

这一问题的一种解决办法，是把两个路由器的传输功率都降低，这样它们就不在对方的信号范围内了。但是如果只有一个路由器使用了较低功率，那么它的信号就会完全被高功率的路由器所压倒。

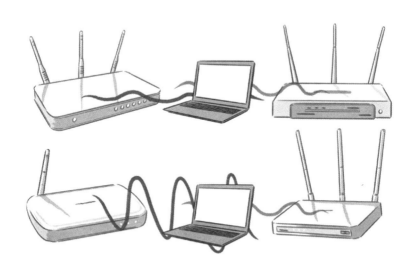

网络路由器的局势可以由这个支付矩阵来表示。

路由器 B

		高功率	低功率
路由器 A	**高功率**	A:5, B:5	A:15, B:2
	低功率	A:2, B:15	A:10, B:10

每个路由器的工程师都需要决定,是播送高功率还是低功率,每种决定的回报,就是信息传输的速度,单位是百万比特每秒(Mbps)。在这个博弈中,高功率播送的路由器,以牺牲另一个路由器为代价得到优势,就如同"坦白"在囚徒困境博弈中的作用。

每个路由器都会发现,以高功率播送会给它更快的速度,不管另一个路由器如何做;"高功率"是占优策略。在纳什均衡下,两个路由器都以高功率播送信号,并各自取得 5Mbps 的数据传输速度——正如囚徒困境里两个囚徒都坦白并得到长刑期。

信号真慢!

如果两个路由器都在"低功率"下运行，那它们会各自达到10Mbps的传输速度。不管如何，当它们的功率被独立设定，没有谁会选择低功率，因为每个路由器都可以通过提升播送功率来改善回报。

　　如果两个路由器都是同一个网络的一部分，那么就有可能迫使它们都使用低功率模式来最小化冲突。大多数路由器都有"高级"设置，旨在迫使它们与同一网络内别的路由器进行合作，而不是为资源展开激烈竞争。高级设置的目的，是为了帮助网络管理员解决这种囚徒困境的问题。

公地悲剧

网络路由器问题与**公地悲剧**（tragedy of the commons）紧密相连，这个概念是由**威廉·福斯特·劳埃德**（William Forster LLoyd，1794—1852）构想的，历史比囚徒困境概念可早得多。在一篇关于过度放牧的论文里，劳埃德认为，牧民会基于自利而行动，与整个集体的最佳利益相违背，从而把公共用地的放牧潜力用尽。

在经济学的文献里，"公地"这个词已经发生了变化，指一切共享的资源。因此，在网络路由器的问题中，公地就是路由器展开竞争的无线带宽。在这个例子里，过度使用资源并不导致自然资源的长期破坏或消耗，如劳埃德的过度放牧的例子。尽管如此，每个个体都有过度使用资源、以群体利益为代价的动力。这种动力是一样的。

核竞赛

囚徒困境博弈最初是数学家 **梅尔文·德雷谢**（Melvin Dresher，1911—1992）和 **梅丽尔·福勒德**（Merrill Flood，1908—1991）在 1950 年酝酿的，当时他们在美国空军的一个项目中工作。当时的目的是加深我们对全球核战略的理解。

在德雷谢和福勒德最初构建的囚徒困境里，两个玩家是美国与苏联（尽管在 20 世纪 80 年代冷战的高峰时期，玩家的数量显著增加了）。每个国家都必须决定是否要扩大核武库。如果一个国家不扩大核武库，它就可以省下这笔费用以及避免隐含的事故风险。但每个国家也都有动力去扩大核武库，以增强自己在地缘政治中的地位。对核武器进行投资符合每个国家的利益，不管另一个国家如何做。因此，这场博弈的纳什均衡状态，就是全球核竞赛。

"核战争是没有胜利者的，它也必须永远不予开展。我们两国拥有核武器的唯一价值，就是为了保证它们永不会被使用。但这样的话，彻底摆脱它们难道不是更好吗？"

美国总统罗纳德·里根
1984 年国情咨文演说

"一个没有核武器的世界也许是个梦想，但你不能把可靠的国防建立在梦想上。"

英国首相玛格丽特·撒切尔，1987年

核武竞赛的纳什均衡结果，并非帕累托有效，因为如果两国都不致力于核竞赛的话，两国的境况都会得到改善。然而，如同德雷谢和福勒德所称，这不可能是一个均衡状态。如果美国要停止建设核武库，那么苏联仍会继续它的核武库建设，以便得到"超级大国"地位。那么这样对美国来讲，从一开始停止核武库建设就是不理性的。

合作

在囚徒困境中,尽管**合作行为**(cooperative behaviour)是有利可图的,个体的动机仍会促发冲突。在网络工程学的案例里,如果有人控制这两个路由器的话,这个问题就可能得到解决。但是在人类的互动中,实现合作要更加困难。

社会心理学家研究冲突与合作,来理解个体行为如何受到社交群体的影响。设想一个叫作"**室友博弈**"的囚徒困境。这个博弈一方面强调了囚徒困境理论的广泛应用,另一方面也提供了一个框架,用来考虑社会规范如何帮助克服个体过度冲突的动机。

爱丽丝和贝思分享一间公寓。她们喜欢干净的厨房，但是她们都不喜欢洗盘子。每个女孩都可以选择是否要洗盘子。因为爱丽丝的开心程度（回报）受到贝思行为的影响，反之亦然，因此她们都卷入了一场战略互动。

如果两人都不洗，爱丽丝的回报是 10（A：10），贝思也是这样（B：10）；这些"开心"回报数字只是用来向我们展示每个女孩会倾向哪种结果。如果只有贝思洗盘子，那爱丽丝的回报就会上升到 20，但洗盘子降低贝思的回报到 8（A：20，B：8）。如果只有爱丽丝洗盘子，那局面要反过来（A：8，B：20）。如果她们分担这项工作，那么洗盘子的负担就会减半，每个人就会得到 14 的回报。贝思和爱丽丝都非常清楚每种结局会如何影响她们的开心程度。

贝思（B）

	不洗盘子	洗盘子
爱丽丝（A） 不洗盘子	A: 10, B: 10	A: 20, B: 8
洗盘子	A: 8, B: 20	A: 14, B: 14

这场博弈的纳什均衡是｛不洗盘子，不洗盘子｝，因为如果任何一人预料到室友不洗盘子，那么最佳的回应就是也不去洗。

如果我室友洗盘子的话，那岂不是好极了？

在室友博弈中存在着一个**搭便车问题**（free-rider problem）。爱丽丝在自己休息而贝思去洗盘子的时候有最高的回报。这对贝思也一样。

因此，在均衡状态下女孩们有一个杂乱的厨房，每人有 10 的回报。如果她们合作的话，她们可以有每人 14 的更高回报。不管怎样，通过合作来保持厨房整洁并不是均衡的结果。每当有人期待另一人去洗盘子，搭便车的动机就立即浮出水面。

教育

走出搭便车问题的一个办法，是改变支付矩阵中的收益。早期教育中父母的卷入和学校教育可以在人们进行不合作行为（比如留着脏盘子在水池里）的时候施加一个**道德成本**。

起初施加一个道德成本在女孩们看来很糟糕。毕竟，谁喜欢感到内疚呢？但在她们的社会互动中，道德成本可以通过鼓励两个女孩的合作行为来改变均衡状态。如果两人都有道德感的话，爱丽丝和贝思的境况都会改善，因为这能让她们得到在之前遥不可及的合作的利益。

假设你不做自己分内的事会有一个道德成本。如果任何一个女孩不洗盘子，她就会感到内疚，而她的开心程度就在室友博弈中降低 7。现在的纳什均衡将是 { 洗盘子，洗盘子 }，每个女孩得到的回报是 14。

既然玩家选择合作，那么在均衡下她们就不需支付道德成本了。在室友博弈的结局中，这是一个来自道德价值观的**帕累托改进**（Pareto improvement）；玩家的均衡回报从 10 增加到 14。

环境政策与合作

环境保护领域的国际合作，就如同大号的室友博弈。每个国家都倾向于持消极态度，而让其他国家采用成本高昂的减排科技来降低二氧化碳排放。解决这个搭便车问题的一个办法，是签署一项国际协议，使各个国家做出法律承诺，如果二氧化碳排放超过了协议规定的限度，就需要缴纳罚金。然而，让主要的污染国来批准这样的国际协议一直很难。

为什么签署一项限制排放的国际协议如此之难呢？这明明符合所有人的利益。

　　虽然合作对所有人都有好处，但是美国所最希望的结果，是其他国家签署这项带有罚金的协议，而美国不必。能搭便车总是好的。

　　可以从这样一种角度来看待环境行动主义：它是一种试图改变社会范式的努力。政治压力可以让那些不支持环保政策的政客们付出代价。这能改变那些国家政策制定者们所面对的支付矩阵，正如道德愧疚成本改变了室友博弈的支付矩阵。政治压力有潜在的改善局面的能力，如果它能创造一种各国合作的均衡状态的话。

多重均衡

到目前,我们已经探讨了一些有单一纳什均衡的博弈。在这些博弈中,纳什均衡就玩家的行为给出了单一的预测。然而,人们经常发现自己身处拥有多重纳什均衡的博弈环境中。在多重纳什均衡的博弈中,纳什均衡的概念本身并不能给我们提供足够的工具来预测会发生什么。

当存在多种均衡状态的时候,玩家究竟会以哪一种来行动呢?

为了寻找这个问题的答案,2005 年诺贝尔奖得主、美国经济学家和外交关系教授**托马斯·谢林**(Thomas Schelling,1921—2016)重新定义了经济学的研究范畴以及它在社会科学中的作用。

> 两人都"准时"来参加会议是一种均衡。两人都"迟到半小时"也是一种均衡。如果我预测你会迟到半小时,那么对我来讲最好也迟到半小时。

托马斯·谢林

约翰·纳什

> 好的!但玩家实际上会如何做呢?为什么会这样做?

多重均衡：性别战争

经典的**性别战争博弈**，为多重纳什均衡博弈中的激励提供了一种清晰的理解。这个博弈也许看起来非常平凡，并且基于过时的刻板印象，但它仍然是一种有用的刻画，因为同样形式的激励也出现在不同的情况下。

在早餐的时候，艾米和鲍勃这对情侣决定共度良宵，但各自都想着参加不同的活动。他们同意今天通个电话来决定今晚去哪里。

	鲍勃（B）	
	足球	舞蹈课
艾米（A） 足球	A: 5, B: 10	A: 0, B: 0
艾米（A） 舞蹈课	A: 0, B:0	A: 10, B: 5

这个矩阵给出了"幸福度"回报。这些数字仅仅是用来告诉我们玩家倾向哪种结果。例如说，如果艾米和鲍勃去看球赛，那么艾米得到的回报是 5（A：5）。如果他们去跳舞的话，艾米得到的回报是 10（A：10）。具体的数字并不重要，它们只是用来说个大概，这些数字告诉我们，她更愿意一起去跳舞而不是看球赛，因为 10＞5。

虽说艾米和鲍勃就首选活动有着不同的倾向，他们还是喜欢共处的时光。他们都认为最糟的替代选项是独自度过今晚。如果他们分别去参与不同的活动，他们各自得到 0 的回报。

我喜欢足球，但最重要的是我想跟艾米一起。

在今天，电话服务出问题了。艾米和鲍勃需要在无法与对方沟通、无法观察对方决定的情况下做决定了。因此，这是个同步行动博弈。

他们一起去看足球赛是一种纳什均衡。

然而，他们一起去跳舞也是一种纳什均衡。

在性别战争博弈里，有两种纳什均衡可以让玩家们明确地选择一种特定的活动：足球均衡与舞蹈均衡。

但艾米和鲍勃最终会干什么呢？

有可能这对性别战争博弈中的情侣最终因为期望不一致而**协调失败**（coordinaton failure）。在这种情况下博弈论学家会观察到一种"不平衡"的结局，也就是说这对情侣分别独自度过了今晚：没有任何一种可能的纳什均衡被实现。

对于那些有不止一个均衡的博弈，是有办法避免协调失败的。

社会规范

在多重均衡存在的环境里，玩家可以使用社会规范来将他们的期望协调到一种均衡状态。例如说，如果鲍勃在这段感情里总是能按自己的意愿行事，那么每当多重均衡的情况存在，艾米和鲍勃都会假设鲍勃所倾向的那种均衡会最终胜出。在这里，不仅鲍勃会很高兴与艾米一起去看比赛，艾米也会高兴，因为她更愿与鲍勃一起度过晚上而不是自己一个人。

虽然性别战争博弈并未给出那些让社会演化成**父权制**（patriarchy，一个围绕男性优势所构建的社会）的条件，但它的确给出了一种视角来看待性别支配的潜在利益。这也许是将社会推向一个更公平的体系如此之难的原因之一。

当一个博弈有不止一种均衡时，博弈的环境或历史可能会聚焦于玩家对某一种均衡的预期，在这种情况下他们的理性回应就是照做。这种**焦点效应** (focal-point effect) 意味着文化和历史会影响我们的理性行为。

协调机制

在多重均衡的博弈里，如果一种社会规范不存在，那么玩家可以使用**协调机制**（coordination device），这是一种社会成员共享的意见或共同的历史，可以帮助人们把预期协调到同一种均衡上。

例如说，舞蹈俱乐部可能在艾米和鲍勃听的广播上密集播送广告。舞蹈俱乐部如果预期到广告能协调消费者挑选哪种均衡，那么这笔广告投资就是理性的。艾米和鲍勃可以这样推理：舞蹈俱乐部播送广告是因为听众会用这条广告来协调他们的预期。因此，在直接通信缺失的条件下，他们可以用当天听到的广告来协调他们的预期，使得均衡实现在舞蹈课上。

银行业与预期：银行挤兑

银行赚钱的方式，就是吸收我们的存款，然后把其中的一部分借给企业和消费者，他们向银行支付利息。这对银行是个好生意，也让人们可以买房，让企业有钱投资。但这意味着不能所有人同时把存款取出。大多数钱已经被借出去了，在贷款被还清之前是无法取出的。

因此，不管一家银行的财务状况有多么健康，在面对**银行挤兑**（bank run，所有人试图同时取出存款）的时候一定会遭殃的。

如同在性别战争博弈里，在银行业也存在着多个纳什均衡。取决于人们的预期，我们可能观察到正常情况或挤兑风潮。

如果存款者预测其他人不会去取钱，他们就会等自己的存款到期以获取利息。然而，还存在第二个纳什均衡：如果存款者预料到其他人都会提前把钱取出，那么每个存款者都会迅速冲向银行，在出纳员关窗之前把他／她的钱取出来。

相信会有银行挤兑这件事是**自我实现的预期**（self-fulfilling expectation）：这种预期本身就会导致银行挤兑。

中央银行的一大主要职能就是降低银行发生自我实现式挤兑的可能性。

在大多数工业化国家，中央银行扮演着最后贷款人（lender of last resort）的角色：它们随时准备着借钱给商业银行，以帮它度过被预期驱动的银行挤兑。

另外，存款保险被提供给小额储蓄者，这样的话每个人都能确保在银行发生挤兑的时候自己的钱也能拿得回来。

因此，人们即使预料到其他人会去取款，也没有必要冲向银行去要回存款。

默文·金（Mervyn King）在2003—2013年担任英格兰银行行长。在这期间，北岩银行（Northern Rock）成为英国150年来第一家遭受挤兑的银行。

然而，就算有最后贷款人和存款保险的存在，银行挤兑也无法完全避免。个人储蓄者可以理性地假设在银行挤兑发生后和存款保险支付前，是有一个时间差的。

　　既然银行业总会有多个均衡，那么人们对事情发展的预期将会决定结果。就算是银行家或政策制定者发出的积极声明或行动也可能适得其反，如果人们将这些看作示弱的话。

混合策略纳什均衡

到目前，我们已经考察了有**纯策略纳什均衡**（pure-strategy Nash equilibrium）的博弈。这种均衡下，玩家选某个特定选项时是有确定性的。但并非所有的博弈都有这样的均衡。记得你小时候玩过的石头剪子布游戏吗？剪子可以切布，石头可以砸坏剪子，布可以包住石头。这是个**零和游戏**（zero-sum game）：如果一人赢，另一人就输。

让这个游戏在孩子们眼中有趣的，是结果的**不可预知性**。让这个游戏在博弈论看来有趣的，是它并没有一个玩家行为可预料的均衡。如果一个玩家是可预料的，那么其他玩家就会利用这一点并且取胜。因此，玩家会试图让自己不可预料。这个博弈并没有纯策略纳什均衡。

我认为她会选剪子，所以我就出石头好了。

我认为他会选石头，所以我就出布好了。

但如果她选布的话，我就该出剪子。

虽然石头剪子布并没有一个纯策略纳什均衡，它却有着一个**混合策略纳什均衡**（mixed-strategy Nash equilibrium）。这意味着在均衡状态下，玩家们随机选择"石头""剪子""布"之中的可能策略。

然而，并非任何一种随机行动都是混合策略纳什均衡。仅仅随机化是不够的；玩家的混合策略需要成为对对方行动的最佳回应，才能形成一个纳什均衡。

让我们讨论一种**无法**在纳什均衡下持续的策略。

假设杰克的策略是 10% 的概率出布，80% 的概率出石头，以及 10% 的概率出剪子。

苏珊针对杰克策略的最佳回应，就是确定出布，这样能给她 80% 的概率获胜，这个概率也就是杰克出石头的概率。

为什么我玩的是随机混合策略，你却仍然大多数情况下都会赢呢？！

你说是随机，但你选择石头的情况太多了，这样我仅仅通过出布就很可能赢。

杰克和苏珊的策略并非纳什均衡：玩家的选择并非对对方行动的最佳回应。给定苏珊的策略，杰克的最佳回应就是确定选择剪子，而不是他的随机策略。

石头剪子布博弈只有一个均衡：每个玩家都应用这样一种混合策略——以均等的概率选择三种行动（石头、剪子、布）之一种。

杰克的均等概率随机化意味着苏珊对她的三种可能选择不再有偏好了。如果苏珊出剪子，她有 1/3 的机会获胜（也就是当杰克出布的时候），1/3 的机会输掉（也就是杰克出石头的时候），以及 1/3 的机会和局（也就是杰克也出剪子的时候）。但任何一种剪子之外的选择也会给她一样的回报。

我对石头、剪子、布并**没有任何偏好**。因为每种选择都给我同样的回报，我愿意随机进行选择。

外汇投机博弈

混合策略纳什均衡在许多领域都有应用。它能捕捉到博弈的**惊奇**本质，也就是不可预见性。例如，它可促进我们对投机性冲击（speculative attack）行为的理解，这通常是**突然**和**不可预料**的。

"黑色星期三"——1992年9月16日——在一场突然的**投机性冲击**下，投资者在**贬值**（英镑价值相对其他货币下跌）预期下卖掉了大量的英镑。在当时，英镑价值被英格兰银行固定在其他欧盟货币上。在那一天，央行购买了40亿英镑以阻止英镑贬值。

然而，英格兰银行还是无力阻止市场力量，接下来一天它就让英镑价值下跌了超过10%。前一天出售英镑并购买德国马克的投机者大赚了一笔。英格兰银行则损失惨重。其中一个大投机者，匈牙利裔美国商人**乔治·索罗斯**（George Soros，1930— ），从此得名"打垮了英格兰银行的人"。

卖！卖！卖！

如何理解黑色星期三呢？为什么英格兰银行不让英镑在遭受攻击的前一天贬值，以避免巨额损失呢？

对投资者来说，对何时涉足投机性冲击保持不可预知性是最好的。如果央行能够预料到攻击，那么它就能在前一天提前贬值它的货币以避免损失。投机者到时想要从贬值中获利就太晚了。

"金融市场一般来说是不可预料的……那种认为你可以预料到何事会发生的观点，与我对市场的观察是相反的。"

乔治·索罗斯

在货币投机博弈中，并不存在纯策略纳什均衡。与石头剪子布博弈一样，投机博弈中仅有的均衡出现在混合策略中。投资者随机选择进攻时机，这样央行就不能预料到投机性冲击的确切时间。这解释了为什么英格兰银行在黑色星期三的时候无法提前对投机性冲击做出预防。

胆小鬼博弈

当不存在纯策略纳什均衡的时候，混合策略纳什均衡的吸引力是直观的，因为玩家会选择让自己不可预料。在多个纯策略纳什均衡存在的环境里，混合策略纳什均衡同样也很有趣，在这种情况下，每个玩家都倾向不同的均衡结果。

一个经典的例子是**胆小鬼博弈**（Chicken Game）：两个十几岁的年轻人分别驾车冲向对方，在这个比量勇气的竞赛中看谁能开得更远。有一个纯策略纳什均衡，那就是其中一个年轻人只管往前冲，而另一人躲开；还有另一个均衡，那就是两人行为互换。当然，每个年轻人都更倾向的均衡，是自己成为"造反派"而对手成为"胆小鬼"。

如果他继续向前冲，我最好转向避开。但是如果他会转向，那我更愿意继续向前冲。

胆小鬼博弈让人兴奋，因为如果两个年轻人都不当胆小鬼的话，就可能会撞车。然而，撞车并非一个可能的均衡结果，如果我们只看纯策略纳什均衡的话。很显然，如果一人继续向前冲，那么另一人最好的回应就是转向，避免撞车。

为了捕捉到胆小鬼博弈的令人兴奋之处，我们需要考虑混合策略均衡，在这种情形下两名玩家都在开车继续向前冲和转向之间随机选择。在混合策略纳什均衡下，一场头对头撞车是可能的均衡结果中的一种。

他们都想当造反派。如果他们都不愿当胆小鬼怎么办？他们有多大概率能从这个疯狂博弈中幸存？

退出博弈

胆小鬼博弈在经济中的一种应用是**退出博弈**（Exit Game）。这个博弈为如何在混合策略纳什均衡中找到均衡的概率，提供了一个清晰的解释。

小镇上有两家杂货店，甘蓝市场和胡萝卜商店。最近小镇的人口显著缩水。现在小镇已经无法支撑这两家商店同时盈利。然而，任何一家都可以在只有它自己营业的情况下盈利。因此，两家店都希望另一家退出这个市场，而自己留下，并享受在小镇上的垄断地位。

如下支付矩阵给出了甘蓝市场（K）和胡萝卜商店（C）在每种可能的结局下的利润或损失。如果两家店都留在镇上，那么每家都会亏损,（K：-20, C：-50）。这些虚构的数字是为了简要表明更加真实的利润数字，比如 -£20,000 和 -£50,000。如果两家都退出小镇，那么每家的利润都是 0。

如果甘蓝市场留守，而胡萝卜商店退出，甘蓝市场将获得利润 K：80，而胡萝卜商店获得利润 C：0。如果胡萝卜商店留守而获得垄断地位，它将获得利润 C：100，而甘蓝市场的利润则是 K：0.

既然两家都希望成为小镇唯一的菜店，两家店很可能将为自己想要的位置挣扎一番。混合策略纳什均衡反映了这种挣扎的本质。两家店都不愿放弃，正如年轻人都不愿意在胆小鬼博弈中被称为胆小鬼。也正如胆小鬼博弈，每个年轻人都有一定的当造反派的概率，在退出博弈中每家店也有一定留在小镇的概率，但没有确定性。

破解混合策略纳什均衡的概率的关键，在于意识到商家只有在"留""退"两种选择无差别的情况下，才会在两者之间随机选择。而无差别的含义是：商家"留"的预期利润与"退"的时候无差别。

　　如果一种行动的预期利润高于另一种，那么商家就会倾向于前一种，并且是带着确定性选择这一种。在均衡下，只有当商店对两种行为无所谓时——也就是预期利润无差别的时候——才存在店家行为的随机性以及不确定性。

如果胡萝卜商店退出，它的预期利润就是 0，无论甘蓝市场怎么做：

"退出"的预期利润 =0

另一方面，胡萝卜商店留下，它的预期利润就取决于甘蓝市场留下的概率。假设 k 为甘蓝市场留下的概率。如果 k=0，那就意味着甘蓝市场没可能留下。如果 k=1/2，那么它有 50% 的机会留下。如果 k=1，意味着甘蓝市场 100% 会留下。（1-k）就是甘蓝市场退出的概率。

如果胡萝卜商店留下，而甘蓝市场也留下的话，胡萝卜商店会得到 50 的亏损（-50），这种情况发生的概率是 k。如果甘蓝市场退出的话，胡萝卜商店会得到 100 的收益，这种情况发生的概率是（1-k）。

因此对胡萝卜商店来说：

"留下"的预期利润 =-50（k）+100（1-k）

甘蓝市场留下的利润　　甘蓝市场退出的利润
* 甘蓝市场留下的概率　* 甘蓝市场退出的概率

如果两种选择下的预期利润相等的话，胡萝卜商店对"留"和"撤"的态度就是无所谓的。

胡萝卜商店如果离开的利润 = 胡萝卜商店如果留下的利润

0 = -50（k）+ 100（1-k）

为找到甘蓝市场留下的均衡概率，解 k，得到 k=2/3。

我对"留"和"撤"持无所谓态度，因为甘蓝市场有 2/3 的概率留在市场上，有 1/3 的可能离开这里。

胡萝卜商店留下的均衡概率为 4/5。这可以用类似的方法算出，也就是寻找让甘蓝市场对去、留无差别的概率。

　　如果甘蓝市场留下，在胡萝卜商店也留下的情况下，甘蓝市场将得到 20 的亏损（-20），这种情况发生的概率有 4/5。如果胡萝卜商店退出，甘蓝市场将得到 80 的利润，这种情况的概率有 1/5。对甘蓝市场来说，均衡状态下，退出的预期利润（也就是 0）与留下的预期利润是一样的。

$$0 = -20(4/5) + 80(1/5)$$

甘蓝市场退出的
预期利润

甘蓝市场留下的
预期利润

我很想成为这个镇上唯一的杂货店。但是胡萝卜商店留守的可能性太高了，因此我留守的回报和离开是一样的。

既然在均衡状态下甘蓝市场留下的概率为 2/3，而胡萝卜商店留下的概率为 4/5，我们就可以计算小镇上各种可能的结局的概率了。

　　两家商店都退出小镇市场的概率有 1/15，也就是甘蓝市场和胡萝卜商店各自退出的概率的乘积，（1/3）*（1/5）=1/15。

　　两家商店都继续营业的可能性有 8/15，也就是甘蓝市场和胡萝卜商店各自留下出的概率的乘积，（2/3）*（4/5）=8/15。在这种情况下两家商店都要亏损。这个结局同之前的胆小鬼游戏是类似的，在那里两个年轻人都当造反派而死于撞车。

我知道你可能继续营业，我选择冒险，但现在我破产了。

　　甘蓝市场独自留下营业的概率，与胡萝卜商店获得垄断地位的概率，都能以相同方式算出来。

我们同样有可能创造出另一个版本的退出博弈：两个玩家都留在了镇上，他们仍然有晚些时候退出的选择。在这种情况下，挣扎可能持续一段时间，因为巨额亏损随着时间在积累。这就是**消耗战**（war of attrition）。这个词汇借自军事战略。漫长而耗损巨大的战斗会发生在这种类型的博弈中，尽管战利品可能相对于积累的成本来说很小。

胡萝卜商店和甘蓝市场在争夺小镇唯一一家菜店地位的竞争中亏损不断增加。

对混合策略的批评与辩护

在博弈论的所有话题中，混合策略纳什均衡或许引发了最大的争议。混合策略的支持者指出，在很多博弈，包括石头剪子布博弈和货币投机博弈中，并不存在任何纯策略纳什均衡，但它们却有一种有趣的混合策略纳什均衡。他们还指出，即使在胆小鬼博弈和退出博弈这些存在纯策略纳什均衡的博弈中，混合策略均衡也通常是最直观的，因为它能捕捉到这些环境下的不确定性。

但是，混合策略的批评者们认为，随机化并非对人类行为的理性描述。人们在作决策的时候真的会随机吗？另外，既然玩家在均衡状态下对不同的行动无所谓，是什么驱使着他们选择精确的概率来让其他玩家无所谓呢？

一个对混合策略的有力辩护是对其进行"**纯化**"（purification）解读。这是由匈牙利裔美国经济学家**约翰·查尔斯·海萨尼**（John Charles Harsanyi，1920—2000）发展出来的。他在 1994 年与约翰·纳什和德国经济学家**莱因哈德·泽尔腾**（Reinhard Selten，1930—）分享了诺贝尔经济学奖。

　　海萨尼指出，即使玩家使用纯策略，只要他们对对方的回报有轻微的不确定，那么从外界看来他们就似乎是在随机选择。

我想在去学校的路上见萨姆，但我不知道他是坐火车还是巴士。如果他的包重的话他会坐火车。如果不重的话他会坐巴士。但我不知道他的包今天重不重。他有一定的可能乘火车，也有可能乘巴士。所以，从我的角度看来，这是随机的！

海萨尼卓越的"纯化"论点证明了如果玩家基本但不完全确定对方的回报的话，那么从他个人的角度来看，对手选择某个行动的概率就恰好是我们从对回报没有不确定性的混合策略纳什均衡中得到的那个概率。

　　这意味着，即使你不相信随机化决策符合人的本性，混合策略纳什均衡仍是切题的。

逃税

混合策略纳什均衡可以这样表述：玩家在可能的选项里随机选择行动。第二种表述是：对其他玩家的支付矩阵略有不确定性。混合策略纳什均衡还可以有第三种表述——如图所示的纳税人与税务当局之间进行的**逃税博弈**。

设想一位商业税纳税人，她必须要申报应纳的税款。为简化起见，我们假设她有两个选择：遵守税法或逃税。假设逃税不附带任何道德含义。

> 如果我很确定要受到审计，那么我就宁愿遵守税法。如果我不可能被审计的话，我就选择逃税。

如果税务当局付出昂贵的审计成本，它是肯定能抓到逃税者的。但如果纳税人并未避税，那么审计就毫无用处了。

在逃税博弈中是不存在纯策略纳什均衡的。

如果审计是必然的，那么公民就肯定会遵守法律。这不可能产生一个纳什均衡：如果纳税人确定会守法的话，那政府也就没有必要审计了。

如果审计是必然不会出现的，那么公民肯定会逃税。很显然这也不可能产生一个纳什均衡：如果纳税人在逃税，那么征税官就会想要审计。

唯一的均衡存在于混合策略中：纳税人在遵守税法和逃税之间随机选择，而征税官在审计与否之间随机选择。

我们不会去审计每个人的报税——所以你被审计的概率低于100%。但是我向你保证，这个概率也大于 0。

如果逃税博弈有很多公民参与进来，一个引人注目的对混合策略纳什均衡的另类解释，就是每个公民都应用一个纯粹战略，"守法"或者"逃税"，但混合策略纳什均衡的概率，会决定全体公民中有多少人应用纯粹战略"守法"，有多少人应用纯粹战略"逃税"。征税官知道逃税者与依法纳税者的比例是多少，但是不知道谁是依法纳税者，谁是逃税者。

尽管我不是逃税者，我也被审计了。因为从政府的角度来看，总有些人逃税，那么我就有着一个随机的可能也在逃税了。

重复博弈

早在 1883 年，法国经济学家**约瑟夫·路易·弗朗索瓦·贝尔特朗**（Joseph Louis Francois Bertrand，1822—1900）研究了几家生产同样产品的厂商之间的价格竞争。在他的分析中，厂商所面对的激励，同囚徒困境游戏中的激励，在实质上是相似的。

比竞争对手的定价更低，抢占整个市场，符合各家厂商的最大利益。在均衡状态下，厂商都只能挣到低利润。但如果他们互相合谋来定高价格的话，每一家都可以挣得可观利润。

约瑟夫·路易·弗朗索瓦·贝尔特朗

贝尔特朗预测，厂商将在均衡状态下竞相降价，类似于囚徒困境中的 {坦白，坦白} 结果。尽管有这样的预测，但在厂商数量很少的市场中，我们经常观察到的却是合谋制定的高价格。大多数西方民主国家都有"反垄断"管制来防止这种类型的**合谋**（厂商之间的合作）并鼓励竞争。

要理解玩家何时在囚徒困境类型的情景下合谋，我们需要超越"**单回合博弈**"（玩家仅仅参与一次博弈，博弈随即结束）的情况，开始考虑更加接近现实世界的**重复互动**，在这种情况下玩家们一次又一次地进行同一场博弈。

如果玩家在囚徒困境中重复博弈的话，我们会在博弈均衡中看到合作吗？

假设，两方玩家都知道他们将不止一次、而是两次进行囚徒困境博弈。要在重复互动的博弈中找到均衡，我们首先要预测最后一轮博弈的均衡结果。然后我们推导在第一轮中的均衡是怎样的。这种推理方法叫作**逆向归纳**。

博弈结尾

在第二轮，玩家们知道这是最后一轮了，所以也就不需要改变未来的博弈结果了。因此，最后一轮博弈就如同一个单回合囚徒困境博弈一样：没有人愿意合作。

玩家可以推理出：不管第一轮发生了什么，第二轮是不会有合作的。因此，从玩家的角度来看，第一轮的博弈与单回合囚徒困境并无差别。所以，均衡状态，就是博弈的任何一个阶段都不会有合作。

事实上，就算囚徒困境博弈重复许多轮，只要这场博弈有一个明确的最终轮，我们就绝不会观察到在任何一轮中有合作。逆向归纳从最后一轮出发解释了这场博弈。

我觉得我们并未在清洗盘子这件事上进行合作，因为我们总是知道我们将在5月份大学毕业的时候分开。

一个没有明确的最后阶段的博弈会怎样？

以色列裔美国数学家**罗伯特·约翰·奥曼**（Robert John Aumann，1930 年生）在 2005 年同托马斯·谢林（Thomas Schelling）分享了 2005 年的诺贝尔经济学奖。奥曼研究了当一场博弈**无限期**（infinite horizon）——这意味着博弈将永远重复下去——的时候，作为均衡结局的合作。在无限期的情况下，从最后一轮出发的逆向归纳并不能解释合作局面，因为并不存在明确的最后一轮。

若要让合作成为均衡结果，首要的条件就是，玩家的策略需要包含惩罚过往的不良行为（不合作行为）的因素。为避免未来遭到惩罚，玩家就可能会选择合作。

在连续性的竞争性博弈中，个体的自利属性能决定一种合作行为，不合作的后果，是被其他玩家所惩罚，害怕被惩罚的心理可以驱动这种合作行为持续下去。

罗伯特·约翰·奥曼

在一场无限期的囚徒困境博弈中——即永远重复进行下去的博弈——考虑一下所谓的**冷酷战略**（grim strategy）：玩家以一种合作的行为开局（行为取决于博弈的内容，可能是一名囚犯保持沉默，一位室友清洗盘子，或一家公司制定串通好的高价）。在随后的回合里，这名玩家将永远在其他玩家选择合作的时候进行合作。但是如果其他玩家曾背约的话，他也将**背约**（一名囚犯决定坦白，一位室友不再清洗盘子，或一家公司制定了低于串通价的价格）。

双方玩家都选择冷酷战略，可以在重复囚徒困境类型的博弈中形成均衡，如果玩家们都足够耐心的话（如果他们能够拒绝今天的高额收益的诱惑，以得到未来的合作收益的话）。在这种情况下，对背约的惩罚就可以阻止玩家选择不合作行为。

然而，如果玩家不耐心，那么他们就会不顾未来的惩罚。知道这一点，竞争者从一开始就不会选择合作。因此，在不耐心的玩家参与的博弈里，合作是无法在均衡状态下维持的。

当玩家耐心的时候，要想让惩罚能足够**威慑**（deterrent）背约行为的话，这种威慑必须足够**可信**（credible）。如果惩罚对方的玩家同时也从惩罚中获得较低的收益的话，那么冷酷策略也许就不那么可信。所以，如果一场合谋破裂了，那么双方玩家都有**重新谈判**的动机，忽略之前的偏差，然后重新开始一次合谋，就这么简单。然而，如果玩家们预计他们很快就能重新谈判，那么合谋从一开始就不可持续。

然而，如果玩家预期重新谈判需要一段时间，那么威胁就能有威慑作用，并且产生一种均衡下的合谋的结果。

就算这场博弈不会永远重复下去，如果玩家对博弈何时结束不确定的话，合作就可以一直维持下去，只要他们相信这场博弈很可能仍将继续下去。如果是这样，那么背约就很有可能在未来遭到惩罚，因此合作是可以维持的。

然而，如果这场博弈有很大可能在下一轮就结束，那么玩家就会投机行事，选择背约，以在本轮获取高回报。但是知道这一点的对手也不会选择合作。合谋将不会发生。

我不知道还能在公司的这个职位上待多久，我将在今年销售尽可能多的产品，尽管这意味着降低价格和惹怒竞争对手。毕竟，下一年我很可能不会待在这里来承受后果了。

囚徒困境实验

实验经济学的创始人之一**莱因哈德·泽尔腾**（他在 1994 年同约翰·纳什和约翰·查尔斯·海萨尼分享了诺贝尔奖）设计过一场实验，参与者们用真钱来进行重复囚徒困境博弈。玩家并不清楚重复轮次的数量，但他们知道实验不会在一定时间段后继续下去。

这场实验的结果大致上与博弈论相一致。只要博弈的结尾不在可见范围内，博弈结果通常是合作。但随着时间的流逝，博弈的结尾日渐接近，玩家开始背约，合作开始破裂。

有经验的研究对象的典型行为，包括一直合作直到博弈即将结束。

莱因哈德·泽尔腾

进化博弈论

博弈论大多是假设人、公司或国家是作理性决策的。在此基础上，它考察这些决策参与者在与其他同样作理性决策的参与者进行互动时，会作何种抉择。

然而，很多行为经济学家和生物学家，如英国进化生物学家**约翰·梅纳德·史密斯**（John Maynard Smith，1920—2004）和美国进化生物学家**乔治·普莱斯**（George Price，1922—1975），从另一个角度来考察这种互动。他们通常认为人或动物是被社会的或基因的因素"编程"（programmed）来开展某些行为的，而这可能是、也可能不是基于理性的行为。

鹰鸽博弈

　　一个可以用来考察社会或基因"程序"的有用的工具，是**鹰鸽博弈**。它在进化生物学中作为一个考虑动物行为模式的起始点被广泛应用，并被约翰·梅纳德·史密斯和乔治·普莱斯引入这个领域。这种博弈强调了**进化稳定性**（evolutionary stability）的重要性，它考察的是何种类型的行为模式更可能在进化的力量下生存下去。

　　简单起见，这个博弈假设有两种动物："**鹰**"和"**鸽**"。如果必要，鹰派动物会为得到某种战利品而战斗，比如交配机会或稀有资源。鸽派动物则会作出一个攻击性的姿态，但在非仪式性的身体对抗上退却。

鸽派

鹰派

为每种可能出现的结局随机设定一个收益是很有用的。在进化生物学中，这些收益为我们展示每种动物的**进化适应度**（evolutionary fitness）。得到战利品会改善动物繁衍或生存的前景（这种战利品可能是交配机会或稀有资源）。收益越高，这种动物的进化适应度就越高。

如果一只鹰派动物与一只鸽派动物发生冲突，鸽派动物会退却并得到0 收益，而鹰派动物得到 20 的收益，也就是这项战利品的价值。

如果两个动物都是鸽派，那么它们有着均等的得到这个战利品的可能。因此每个动物有 50% 的概率得到战利品，也就是预期收益为（20/2）=10.

如果两只动物都是鹰派的，那么就会产生身体对抗。每只动物有 1/2 的机会赢得战利品，它的价值是 20。那只在搏斗中输掉的动物会受伤，并遭受 -C 的进化适应度损失。因此，每只动物的预期收益是：

$$20/2 - C/2$$
$$\rightarrow (20 - C)/2$$

这些潜在的收益可以用一个支付矩阵来表示。

狼 B

	鷹派	鴿派
鷹派	A:(20 - C)/2 B:(20 - C)/2	A:20, B:0
鴿派	A:0, B:20	A:10, B:10

狼 A（行标签：鷹派／鴿派）

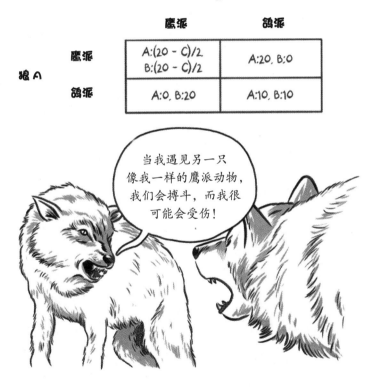

当我遇见另一只像我一样的鹰派动物，我们会搏斗，而我很可能会受伤！

小冲突成本鹰鸽博弈

我们来考察当冲突成本小于战利品价值的鹰鸽博弈——假设冲突的成本（C）为8。

		狼 B	
		鹰派	鸽派
狼 A	鹰派	A:6, B:6	A:20, B:0
	鸽派	A:0, B:20	A:10, B:10

如果动物们都理性地选择自己的行为，那么鹰派行为将成为主导的策略——不管其他动物如何行动，采取鹰派的行为总是更好的选择。

如果动物都是理性的，并且能选择自己是什么类型，那么单一纳什均衡就会是两只动物都选择鹰派行为，结果造成过多对抗。这种博弈的实质和囚徒困境是一样的。

让我们重新审视演化博弈论的一个基本信条，来换一种假设：动物们不作理性选择，而只是让它们基因的或社会的因素来调节行为。

约翰·梅纳德·史密斯

假设有一大群动物，其中有些被基因的或社会的因素调节为鹰派，而有些则被调节为鸽派。在这个群体中的个体动物随机与其他个体配对进行这种博弈。

被定为鸽派的动物如果遇到了鹰派对手，它得到的收益是 0，如果遇到了同为鸽派的对手，则收益为 10。

被定为鹰派的动物如果遇到了鹰派对手，它得到的收益是 6，如果遇到了鸽派对手，则收益为 20。

当发生冲突的成本低于战利品的价值时，具有攻击性的动物会比攻击性欠缺的动物收益更好，不管它们与何种对手相遇。

鹰鸽博弈可以为物种的进化提供洞见。得到被激烈争夺的配偶或食物，会增加动物的繁衍或生存的机会，而在对抗中失败则会降低这些机会。有更高的进化适应度（更高的收益）的动物，有着更多的机会生存下去并且繁衍。

如果冲突的成本很小，在同一种群中，具有攻击性的鹰派动物会比和平的鸽派动物表现更好。因此适者生存原则预测，整个物种最终都会完全由鹰派动物所组成。

查尔斯·达尔文

进化的力量会淘汰所有的鸽派行为。在全是鹰派的种群里，会出现过度的冲突。每一个成员都只能拿到 6 的收益。相反，如果每只动物都被调节为鸽派的话，那么每个成员得到的收益将是 10。因此，鹰派行为对整个物种来讲并非最优。

　　进化的力量未必会带来对一个物种来说最好的结果。对稀有资源的竞争往往意味着个体的收益和群体的收益相冲突。每当这种情况发生，这个物种就会进化，以群体的利益为代价，使得个体的收益最大化。

没有鸽派存在了，我总是遇到一个同为鹰派的动物。每次对峙，就一定会有肢体冲突。

种群利益和个体利益之间的紧张关系，在身体特征上和行为模式上都有体现。相似的进化力量也能影响身体特征的演化。其中一个例子是**柯普定律**（Cope's Rule），它因美国古生物学家**爱德华·德林克·柯普**（Edward Drinker Cope，1840—1897）得名。根据这个定律，物种通常来讲都会随着时间变迁体型越来越大。

如果身材巨大的雄性大象比身材矮小的雄性更容易繁衍后代的话，那么大象群就会随着时间流逝越来越大。他们甚至可能变得过于庞大，以至于降低了种群的适应性。科学家还发现，海洋动物在过去的 5 亿年里通常来讲也是越来越大，尽管确切的原因仍然存在争议。

给这个进化过程踩刹车的一个因素，是一个争夺同样的生态资源的竞争物种的存在：如果一个物种因为体型巨大而变得活动太过低效，它最终将被一个更有效率的竞争物种所淘汰。

但是随后这一周期可能会重复，新的物种也面临着个体利益和群体利益的冲突，也可能随着时间流逝而变得越来越低效。

大冲突成本鹰鸽博弈

在冲突成本（C）相对于战利品的价值非常高的时候，进化的过程就会变得更加有趣了。假设 C=24，而战利品的价值维持在 20。

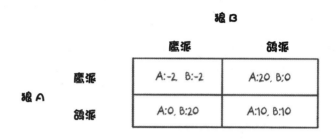

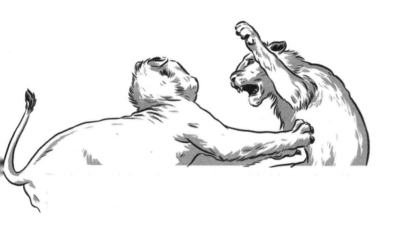

输掉身体对抗的高额成本，大大改变了鹰派的进化适应度的前景。

假设总群体里有比重为"p"的动物被调节为行为具有攻击性，它们采用鹰派行为。剩下的部分，总群体的"（1-p）"被调节为采用鸽派行为。"p"的部分可以低到 0（群体中没有鹰派动物），也可以高达 1（群体中所有的动物都为鹰派）。

既然鸽派动物从不为争夺资源而进行代价巨大的战斗，它所面对的情况与在低成本冲突下是一样的。但是更详细地考察它的预期进化适应度是有用的。

　　假设一只鸽派动物与群体中的随机一个成员发生冲突，其对手有"p"的概率是一只鹰派动物。在这种情况下，对手得到战利品，而这只鸽派动物得到的收益为0。

　　但它的对手有（1-p）的概率是一只鸽派。在这种情况下，就不会发生身体冲突，而双方各有均等的机会得到战利品。这只鸽派动物得到的收益为10。

　　所以，一只鸽派动物的预期进化适应度，就是它遇到各种类型的对手的概率，与在这种情况下所得到的收益的乘积的加总：

现在考虑下鹰派动物的情况：这只动物会富有攻击性地搏斗，哪怕冒着自身严重受伤的风险。

这只鹰派动物有"p"的概率遇到另一只鹰派动物，于是它们会打斗。冲突的成本会高到超过获得战利品的收益，它们都会得到 -2 的预期收益。

这只鹰派动物同时有（1-p）的概率遇到一只鸽派动物。对手会在它的攻击性行为面前退却，所以这只鹰派动物就会获得全部的战利品，而无须发生身体冲突，因此它在进化适应度方面得到了 20 的收益。

所以，一只鹰派动物的预期进化适应度，就是它遇到各种类型的对手的概率，与在这种情况下所得到的收益的乘积的加总：

$$P\,(-2) \quad + \quad (1-P)\,20$$

遇到鹰派对　　这种情况下　　　遇到鸽派对　　这种情况下
手的概率　×　的收益　+　手的概率　×　的收益

$$= 20 - 22P$$

如果鹰派狮子的进化适应度高于鸽派狮子的进化适应度，那么平均来讲鹰派会比鸽派活得更久、繁衍更多。因此，随着时间的流逝，狮群中的鹰派的比重会增加。

20-22p>10-10p

这可以整理为：

10 > 12p

→ 10/12 > p

→ 5/6 > p

如果鹰派在总族群中的比例（p）小于5/6，那么一只鹰派动物遇到另一只鹰派动物并展开搏斗的可能性就足够小了，以至于比遇到一只鸽派动物并得到所有战利品的收益要小。所以，随着时间的流逝，鹰派动物的比例（p）就会因为进化的力量而逐渐增大。

如果鹰派在总族群中的比例（p）大于 5/6（即 p>5/6），那么鸽派就会比鹰派活得更久，并繁衍更多，鹰派动物在总族群中的比例会降低。

如果族群中有足够多的鸽派动物，那么我的高风险攻击性本性会很吃香。但是如果鹰派动物太多了，我就会陷入太多的搏斗中，也就不能保持我的进化适应度了。

长期来看，进化的力量会导致鹰派动物在总族群中的比例趋于 5/6，而鸽派动物的比重则趋于 1/6。这些精确的比例是由于我们在支付矩阵中使用的精确的数字。但只要冲突的成本高于战利品的价值，进化的力量就会驱动族群形成一种鹰派、鸽派两类动物共存的局面。

长期来看，鹰派、鸽派两类动物将以 5 ∶ 1 的比例共存，而这两类的表现平均而言都会一样好。鹰派在遇到鸽派的时候会赢得所有的资源，但它们有很高的可能性在与鹰派对手相遇的时候遭受严重的伤害。鸽派在遇到鹰派的时候会丢掉资源，但它们永远不会受伤。

　　这种鹰派动物占据族群比例 5/6 的长期的进化"稳态"，被称为**进化稳定均衡**（evolutionary stable equilibrium）。这种均衡的稳定是指，如果我们给族群中加入少数的被调节为不同类型的动物，进化的力量会最终恢复之前的均衡。

总体来说，进化博弈的可能结果非常丰富。在我们的鹰鸽博弈中，存在着一个单一的进化稳定均衡，不管我们加入多少被调节为不同类型的动物，长期的稳定状态最终都会恢复。

但有些博弈有着不止一个进化稳定均衡。在这样的博弈中，如果族群引入少量的变化，进化的力量会恢复均衡的比例。但如果族群构成引入了大量的变化，那么进化的力量就会将族群结构带入一个全新的均衡。

> 如果另一个巨大的象群加入我们，我们可能会最终达到一个不一样的进化稳定均衡。我们未来的世代有可能会演化出非常不同的特点来。

有些博弈不存在进化稳定均衡。在这样的博弈中，族群永远不会达到一个稳定的状态。正相反，它们会经历周期，不同类型的动物比例不停歇地此消彼长。

作为均衡改进的进化稳态

奇怪的是，能保持进化稳定的鹰派的比例（5/6），与混合策略纳什均衡中——如果动物理性的选择策略——所得到的均衡概率相等。这并非巧合。要在混合策略纳什均衡中计算出均衡概率，我们需要找寻让玩家对鹰、鸽两种战略无所谓的概率。在均衡状态，他们两种战略的预期回报值是相等的。

在鹰鸽博弈中，我们对两类动物的进化适应度的期待是同等水平的。如果它们的进化适应度有不同，那么进化的力量将让一种类型繁荣而另一种衰落，直到达到一个稳态。

在数学上来说，这两个问题，一个是理性的决策者的问题……

……一个是受进化力量所支配的基因调控的动物的问题，是完全一样的。

在鹰鸽博弈中，进化上的稳定的均衡给出了鹰派和鸽派动物在族群中的比例。这与逃税博弈中对混合策略均衡的解读很相似。在那里，均衡状态给出了逃税者在总人口中的比例，而这些玩家是作理性选择的。

在进化的环境下，把注意力集中在进化稳定均衡上，是一种理性地排除那些无法承受即使是微小的人口变化的均衡的办法。

序列博弈

通常玩家可以在自己出招之前观察到别的玩家的行动。在一些博弈中，玩家的行动是有顺序的。这被称为**序列博弈**（sequential-move games）。大多数棋盘游戏，比如象棋，就有交替出招的顺序。

例如，一名在考虑是否要在某个街角开咖啡店的企业家，可以观察那里已经有了什么商店，并考虑还有什么商店在将来可能来到此地，以决定她是否要在那里开店。

序列博弈是动态的（dynamic），也就是说，玩家可以基于他们对过去行为的观察和对未来行为的预期来作决策。玩家推测其他玩家会对他们的可能行为作何种回应，然后从结果反推，来决定要怎么做。

动态的性别战争博弈

我们可以通过创造同步行动博弈的动态版本来审视序列博弈中产生的问题。性别战争博弈就是个有用的例子。

在标准版的性别战争博弈中，鲍勃和艾米各自独立并同时决定今晚做什么。他们想要一起过，但各自倾向的活动是不同的。还记得原始的、同步行动性别战争博弈的策略表格吗？

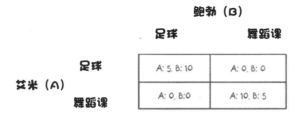

鲍勃（B）

		足球	舞蹈课
	足球	A: 5, B: 10	A: 0, B: 0
艾米（A）	舞蹈课	A: 0, B: 0	A: 10, B: 5

现在，让我们稍微改变一下这个故事。假设艾米下班比鲍勃早了一个小时。她到了其中一个活动地点并打电话告知鲍勃。一旦她这么做了，再让她换活动地点就太晚了。但鲍勃仍可能去任意一个地点。

我率先行动，就能在鲍勃之前做好决定。

博弈的延展形式

艾米是**第一行动者**（first mover），鲍勃在观察到艾米的选择后，第二个做行动。用策略表格来表现这场博弈，已经不像在同步行动博弈中那么有用了。因为策略表格并不能捕捉到玩家做决定的顺序。对此，我们需要一个全新的图解来表现序列博弈：**延展形式**（extensive-form）图解。也叫作**博弈树**（game tree）。

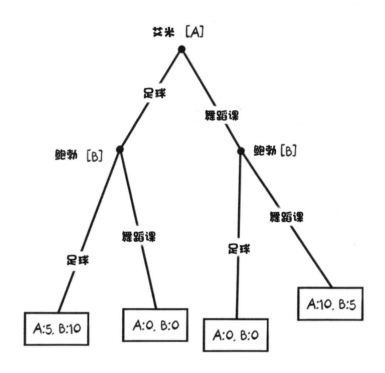

延展形式通过使用**决策节点**（decision nodes）来引入选择的顺序，这些节点代表着决策做出的时点。

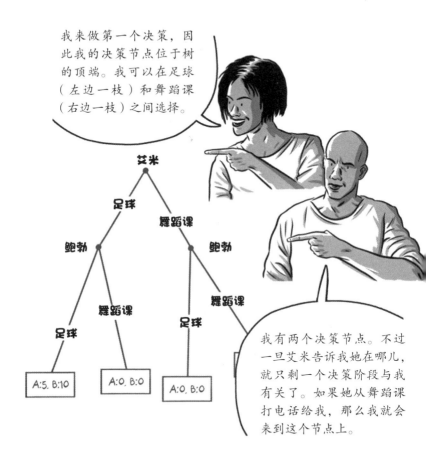

我来做第一个决策，因此我的决策节点位于树的顶端。我可以在足球（左边一枝）和舞蹈课（右边一枝）之间选择。

我有两个决策节点。不过一旦艾米告诉我她在哪儿，就只剩一个决策阶段与我有关了。如果她从舞蹈课打电话给我，那么我就会来到这个节点上。

当艾米在做决策时，她知道鲍勃将观察到她的选择然后做自己的决定。她还知道她的选择会影响他的选择。因此，她会试着搞清楚他将如何应对她的各种可能选择。

完美子博弈

　　如果艾米从足球场打电话给鲍勃，那么对鲍勃来说，就只有左下方的决策节点与他相关。因此我们可以从这里开始将它看作一个独立的博弈。这被称为**子博弈**（subgame）。鲍勃只需从这一点上尽力做好博弈。

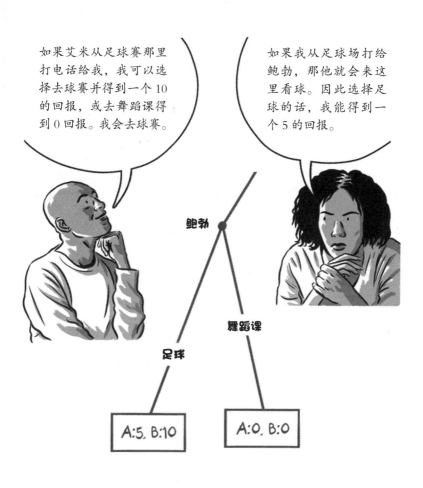

如果艾米从足球赛那里打电话给我，我可以选择去球赛并得到一个 10 的回报，或去舞蹈课得到 0 回报。我会去球赛。

如果我从足球场打给鲍勃，那他就会来这里看球。因此选择足球的话，我能得到一个 5 的回报。

鲍勃

舞蹈课

足球

A:5, B:10

A:0, B:0

艾米也会考虑鲍勃会如何做，如果她决定去舞蹈课的话。如果她从舞蹈室给鲍勃打电话，鲍勃就面临着一个截然不同的子博弈（延展形式的右半边）。

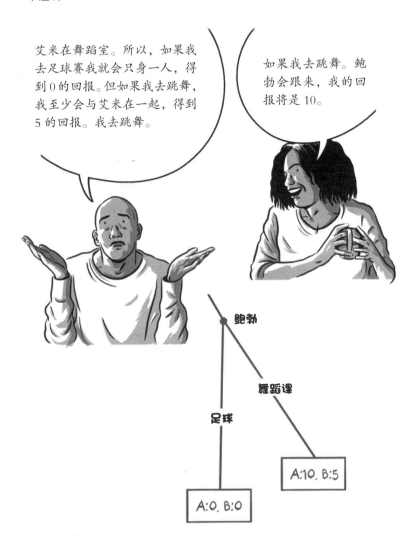

艾米在舞蹈室。所以，如果我去足球赛我就会只身一人，得到 0 的回报。但如果我去跳舞，我至少会与艾米在一起，得到 5 的回报。我去跳舞。

如果我去跳舞。鲍勃会跟来，我的回报将是 10。

鲍勃

舞蹈课

足球

A:10, B:5

A:0, B:0

艾米和鲍勃的动态博弈由逆向推理解决了。艾米从博弈最终可能发生什么开始推理，然后逆着向前来找到自己的最佳选择。

艾米选择跳舞是理性的，因为她知道鲍勃会跟她来到舞蹈课。这是个**子博弈 – 完美纳什均衡**（subgame-perfect Nash equilibrium）：玩家在本来的博弈的各个子博弈中寻找各自的最佳行动。子博弈的完美化预示着玩家是有前瞻性的。他们尽自己的最大可能在每个所遇到的决策节点做好选择，不会因为之前的行动而产生好恶。

在这个博弈里，子博弈 – 完美纳什均衡是尤其有利于艾米的。在这里先行者是有优势的。

我知道鲍勃会跟我去任何地方的，所以我不如就去我最喜欢的活动。完美。

好吧，至少是子博弈完美。

这个博弈是有**先发者优势**（first-mover advantage）的，但并不是所有序列博弈都有这个特点。在许多博弈中，先出招反而会带来劣势。

不可信威胁

多数人在子博弈 – 完美纳什均衡中找到的最可信的纳什均衡，是两名玩家都去舞蹈课。但这并不是唯一的均衡。

例如说，鲍勃可以宣布他将总是去看球，无论艾米如何选择。如果艾米相信这个声明，那么她会料到自己如果去跳舞的话将孤身一人。因此，她会选择足球，因为她总是更倾向于有鲍勃的陪伴，而不是孤身一人。这也是一种纳什均衡，但这依赖于艾米相信鲍勃将落实他的威胁，并且即使在艾米从舞蹈课上打电话给他，他也的确会去球赛。这种局面不符合他自己最佳的利益，因此他的威胁是不可信的。

子博弈的完美化抛弃了那些玩家发出**不可信威胁**（non-credible threats）或**不可信承诺**（non-credible promises）的纳什均衡。

信贷市场

贷款者和借款者的互动，可以构建成一个序列博弈模型。这很有助于解释为什么有些很好的项目无法得到融资。

这个博弈的延展形式，为贷款申请人（A）和银行（B）给出预期回报数字（单位为百万英镑的利润）。为简化起见，假设银行和申请人对博弈树和各个项目的预期收益都有着充分的认知。

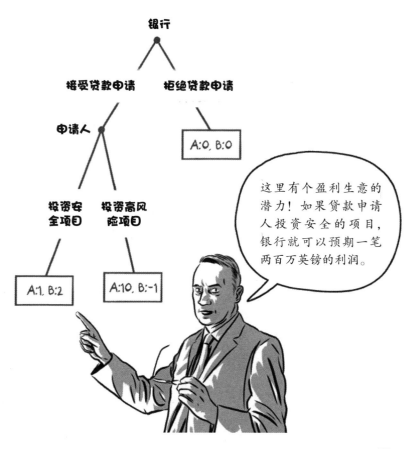

申请人面对的选择是，或者投资安全项目，或者投资风险项目，但前提是银行授予了贷款。

对于这个安全的项目来说，我很确定我能赚取一笔一百万英镑的尚可利润，并且还清银行的贷款。

另一个项目就非常有风险了。有很大的可能是要失败的，这样的话我不能还上贷款。但如果一切顺利，我会成为巨富。我对风险项目的回报预期是一千万英镑。

她承诺支付给我一笔固定的利息。如果她选择了风险项目，我不会从她的成功中得到额外的利益，而如果她失败的话我一分钱也拿不回来。风险项目对我来说是个糟糕的选择。

银行希望申请人投资安全的项目。然而，它不能监控申请人每天的商业决策，因此，它不能决定申请人投资哪个项目。在子博弈－完美纳什均衡中，银行经理会拒绝这个贷款申请，尽管银行和申请人两方都会从安全项目的投资中获得利润。

我拒绝了你的贷款申请，因为我知道如果我给了你钱，你会投资那个风险项目。那样的话我的预期回报就是负的了。很简单的逆向推理。

但这样我们双方都得到了零的回报！

申请人可能向银行承诺她把资金投资于安全的项目。而且她可能是真诚的——毕竟，如果申请拒绝的话她将得到零的回报，而获批的话她可以从安全项目中得到一百万英镑的回报。

然而，如果银行要授予贷款，一旦申请人得到资金，她就会对比安全项目与风险项目的预期回报。因此，她会选择风险项目，违背自己的承诺。这被称为**时间不一致问题**（time-inconsistency problem）：决策者发现，遵循自己初始的行动计划并不是最好的选择。

银行拒绝贷款申请的子博弈－完美纳什均衡并不是帕累托有效的。因为如果安全项目得到资助，申请人和银行双方都会得到更高的收益。

那么如果申请人可以找到一种方式就安全项目给出可信的承诺呢？比如说就算她可以投资风险项目，也不会这么选择。

金融市场通常使用抵押品作为**承诺工具**（commitment device）。比如说，申请人可以用她家的住房作为抵押。只要失去住房对申请人的成本足够大（或者财务上或者心理上，或两者皆有），那这个抵押品就可以改变申请人所面对的风险项目的预期回报。因此，她会选择投资安全项目，从而银行也就会批准这笔贷款。

如果她生意失败，扣除破产清算的法律费用，这房子对银行就一文不值了。你为什么要给她这笔贷款呢？

这房子对银行一文不值，但是对她却非常宝贵。这是她的家庭住房，她不会冒险失去它的。她会投资安全项目。

小额贷款

如果贷款申请人能够提供抵押品来可信地承诺于一个安全项目的话，他们会进入信贷市场来为他们的生意提供资助。然而，对那些没有可抵押资产的申请人，他们的申请会在子博弈 – 完美纳什均衡下被拒绝，正因为时间一致性问题。

因为拿出一个承诺工具所具有的难度，穷人始终是穷人，而富人可以越来越富。没有进入信贷市场的渠道会阻止穷人向上流动，而这会导致严重的社会动荡和暴力。

孟加拉国经济学家**穆罕默德·尤努斯**（Muhammad Yunus，1940—）正是因为对这个问题的解答获得了 2006 年诺贝尔经济学奖。他创办了格莱珉银行（Grameen Bank），并成为**小额信贷**（microcredit）这个帮助穷人进入金融市场的概念的先驱。

你没法以富人的银行那种架构来创造一家穷人的银行。

为了让他们进入金融市场，尤努斯解决了缺乏承诺工具的问题，办法是以集群的方式提供穷人小额信贷（小额贷款）——贷款是给一个互相联系的群体的，而不是给个人的。每个在群体中的申请者随后确保其他的申请人投资安全的项目。

这是个很穷的村民，没有任何抵押物。如果你给她贷款，你怎么知道她不会今晚就跑去赌场把钱全部输掉？

她的贷款与我给她两个同村邻居的贷款是联系在一起的。如果她不能还我们钱，另外两个人就知道我以后再也不会借钱给他们了。因此，他们会确保她的钱花在了正确的地方。

核威慑

第二次世界大战以来，两个主要的核大国——美国和苏联，就都采用了一个基于互相保证毁灭的核威慑政策。这个思路是，如果有一方发动进攻，另一方就会使用压倒性的武力报复，摧毁进攻者。因此，谁也不会发动进攻。

截止到今天都还没有发生过全球核战争，因此这个政策是成功的。然而，批评者认为，这个可欲的平衡并不是子博弈完美的。它可能基于不可信威胁。如果是这样的话，就可能有麻烦了。

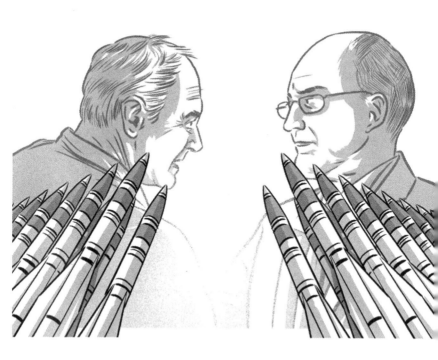

保证互相毁灭战略基于这样的想法：如果敌人的导弹飞过来，目标国的政策制定者就会报复，摧毁进攻者。然而，报复并不会改变目标国的境况：他们的命运由飞来的导弹注定了。

被攻击国家的领导人几乎肯定想要复仇。这样的话，在他们决定是否要反击的时候，报复在子博弈中就是最佳的选择。如果是这样，并且敌人也知道这个，那么这个希望得到的均衡，也就是从一开始就没有攻击，就是子博弈完美。不会有核战争。

然而，决定是否要报复的决策者可能会对杀死数以百万计的平民有着道德上的保留。毕竟，一旦敌人的导弹升空，再报复也没什么利益可得了。因此，在报复这个子博弈下，一个有道德约束的决策者会选择不反击。

这样的话，要报复的威胁就是不可信的。从一开始就没有攻击这样一种人们想要的均衡，并不是子博弈完美的。没有理由不开展一场先发制人的进攻，既然被攻击的一方并不会报复。

如果一个政策制定者担忧杀死数以百万计平民的道德意味的话，他们怎样能避免成为核攻击的目标呢？

　　对这个问题的一个潜在解决办法，是把报复的决策权**下放**（delegate）给一些更可能被复仇心态或遵循预先制定好的规程的责任感所驱使的人。这就能确保报复成为可信威胁。

你来拿走发射密码。虽然看起来很奇怪，但我们这样做会更安全。

第二种让报复的威胁可信的办法，是给很多的个体以发动压倒性进攻的选择。这就是解决问题的**扩散**（proliferation）方案。这样的话，当敌人考虑发动进攻的时候，他们必须要估量这些人中的至少一个被复仇心所驱使的可能性。越多的人有能力发动一场报复性打击，它就越有可能发生。如果报复是大概率的，那么从一开始就不会有进攻。

在实践中，下放和扩散都被用来让报复变得更加可信，而且以此来确保从一开始就没有进攻这种情况成为子博弈 – 完美均衡的一部分。

好莱坞提出了解决这个问题的第三种选择：报复的决策可以完全自动化，保证有一个反击。这就是《奇爱博士》影片里"末日装置"的前提，《战争游戏》影片里的"战争行动计划回应"，以及《终结者》影片里的"天网"。

这种办法在实践中能有多大程度的应用还不清楚。然而，如《奇爱博士》中所指出的："末日装置"只有在潜在的攻击者知道它存在的时候才能成为有用的威慑。因此，就没有理由对这样一种装置的存在保密，有各种理由去公开它的存在。因此，我们可以非常确定这个办法还没有为超级大国采用。

信息问题

到目前为止所讨论过的延展形式的博弈中，玩家都对博弈树有着完全的知识。然而，经常出现的情况却是，玩家只有**不完全信息**（incomplete information）：他们可能不知道其他玩家的所有可行策略或潜在收益。玩家可能不清楚他们与何种人在打交道，或他们有怎样的动机。

还有一些情况，玩家对博弈树有着**不完美信息**（imperfect information）：玩家过去的行为可能无法观察或不能完整地观察到。这意味着玩家并不确知他们处在决策树中的哪个节点上。

各行各业的人都会在信息不完美或不完全，或两者兼有的情况下做决策。这对于玩家之间的战略互动有着重要的意义，尤其是如果一边比另一边拥有更充分信息的情况下。

信息不对称

美国经济学家**乔治·阿克尔洛夫**（George Akerlof，1940— ），**迈克尔·斯宾塞**（Michael Spence，1943— ）和**约瑟夫·斯蒂格利茨**（Joseph Stiglitz，1943— ）因他们对**信息不对称**（asymmetric information）的分析获得了 2001 年的诺贝尔奖。信息不对称也就是某名玩家比别的玩家拥有更优越的信息。

例如说，在汽车保险市场，司机对他们自己的驾驶习惯有着自己的了解。保险公司有着不充分的信息：它并不知道司机的驾驶习惯，因此不知道卖给他们保险的回报是怎样的。

经理可能对员工的习惯有着不完全的信息。如果员工没能在某项任务上取得进展，那么经理并不知道究竟该责怪这个员工还是去相信这个任务格外难。

我会给你最高 6000 英镑，如果我确知这辆车可靠的话。但我不知道。抱歉，2000 英镑就是我最终的报价了！

我会接受 6000 英镑的，那样的话我们都会开心，因为我的车的确是非常可靠的。既然我无法得到一个好价格，我最好把车从市场上拿下来，作为备用车好了。

不对称信息与失业

宏观经济学家感兴趣的是大规模的经济模式和效果。他们通常研究的问题是持续的**失业**（unemployment），失业是这样一种状况：有人愿意去工作却找不到工作。

持续性的失业在标准的经济分析下是一个谜题：如果失业存在，那么就是说每一个工作缺口都有很多的申请者。在这样的情况下，雇主可以提供低一些的工资并仍能填补空缺。在更低的工资下，雇佣变得更加便宜，厂商会雇用更多的劳工。看起来工资最终应该向下调整，直到愿意工作的人数等于工作岗位的数量。

基于这样一种可预期的模式，为什么会有持续性的失业呢？为什么工资不能简单地向下调整，直到失业不存在呢？

工作

诺奖得主约瑟夫·斯蒂格利茨和美国经济学家**卡尔·夏皮罗**（Carl Shapiro，1955— ）解释了持续性失业的一个原因：工作场所的**隐藏行为**（hidden action）——工人的行为并非完全可被观察。

考虑一名固定工资的工人。他既可以工作勤奋，也可以懒惰和推脱职责。工人的努力不是完全可以观察的。经理可以在抓到他推脱职责的时候开除他，但经理只能不完全地监视他，因此经理不是总能抓到推脱职责的工人。

当工人决定是否要推脱的时候，他会比较一下这么做的收益与成本。收益就是一个更享受的工作日。代价就是有可能被抓到，以及一旦被开除所损失的金钱。

如果不存在失业，而这家公司提供着与其他公司一样的市场出清工资，那么工人就会碰运气推脱职责。

别担心！我的经理不能分辨我是在给你发信息还是在给客户发。即使我被抓，也有大量的工作可以申请。我没有太多可以失去的，所以我不如悠闲点儿。

我该如何激励员工们努力工作呢？如果他们能很容易地找到另外一份工作。

为了鼓励员工努力工作，公司不得不给他们一些一旦被抓到推脱责任会痛惜失去的东西。要做到这一点，可以给员工在别的地方拿不到的工资水平。这种高水平的**效率工资**（efficiency wages）就能激发劳动力的有效产出。

为激发员工不推脱职责，公司尝试着支付比"通行工资"更高一点的工资。

约瑟夫·斯蒂格利茨

然而，效率工资产生了一个问题，那就是所有的公司都有同样的动力通过开出更高的工资来激发效率。但如果每家公司都引入高工资，工资的市场水平就会提升。更多的人愿意在更高的工资水平下工作，而工作岗位的数量却没有增加，这就导致了失业。

　　在这个案例里，雇员被激励着努力工作，因为如果他们丢掉这份工作的话，就可能得花很长时间才能再找到一份。

如果我老板抓到我推脱职责，我就会丢掉工作。

我可能失业几个月。

冒这个风险是不值的，所以我还是回到待办事项清单上来吧。

我仍然只有不完全的信息，但是高失业率驱使我的员工们更有效率。

关于信息不对称的更多讨论

经常出现这样的情况：人们并不确定他们在跟何种人物打交道。有一些关于**不完整信息**（incomplete information）的博弈，其中的玩家不确定其他玩家有怎样的特点，因此也不确定能从可能的结果中得到怎样的回报。

这种情况经常表现为把别的玩家看作属于某种**类型**（type）。每种类型都与可能结局中不同的回报相联系。玩家通常知道他或她自己的类型，但其他玩家并不了解。因此就有了**不对称信息**。

产品质量信号

对个体消费者而言，在购买之前要辨别一种产品的质量是很困难的。然而，厂商对他的产品是否耐用有清楚的了解。卖家知道他们自己的类型（高质量或低质量），但买家无法判断。

消费者所需要的，是一种推断哪些厂商提供的产品质量高的方法。当然，厂商有各种动力声称他的产品质量高，不管它实际上是否如此。因此，厂商的直接陈述是没有价值的。

对有些产品来说，厂商可以通过提供免费样品的方式克服不对称信息问题。但是对有的产品来说这也许就不可能了。

如果它不能提供关于产品质量的可信的、直接的信息，那么一家高质量的厂商可能需要找到一种机制来给消费者传达产品质量信号。要让信号管用，它必须是某种只能在高质量厂商身上找到的行为，而这种行为对低质量厂商来说并不值得。

作为信号工具的保修条款

就算消费者并不打算保存购买产品的证据，保修条款的存在也能说服消费者购买这种产品，因为保修是一种产品质量信号。

消费者可以这样推理：只有产品质量可靠的公司才能负担得起长期保修的承诺，因为质量好意味着有较少的保修要求。

生产质量低下、不可靠产品的厂商会意识到以后会有大量的保修要求，因此提供长期保修对他们来说太昂贵了。

我们可以给我们的电视机提供保修条款，来吸引更多的客户。

绝对不行。我们的电视机并不是特别可靠。我们光是维修出问题的电视，就得雇用一打的工程师。这让我们的成本高出了可能的收益。

在**分离均衡**（separating equilibrium）中，厂商对保修条款的选择取决于它的产品是哪种类型（高质量还是低质量）。产品质量高的厂商会选择提供保修，但产品质量低的厂商选择不提供。通过自我选择，保修条款让产品质量高的厂商能够把自己与产品质量低的厂商区分开来。这两种不同的类型通过行为互相区分开来。

作为信号工具的广告

广告也可以扮演质量信号的角色，如果厂商卖的是反复购买的产品，比如洗发液。这是因为打广告的投资回报因产品质量的不同而不同。

虽然消费者可能在第一次购买之前不知道产品的质量，但用过一次后他们就能评估它的质量了。如果厂商卖的是低质量的产品，看了广告的新消费者会买上一次。他们随后就会意识到它的质量低下，不会再买了。然而，如果厂商卖的是高质量的产品，新的消费者会成为重复消费者。

广告能作为一种信号机制是因为简单的收入成本分析。不管产品什么质量，广告费用是一样的。但广告的收益就不一样，生产高质量产品的厂商从中得到的收益高得多，因为新消费者会成为回头客。对同样的广告费用，卖低质量产品的厂商只能从新消费者那里得到一次购买。因此，大量的广告只有对产品质量好的厂商而言才是有利可图的。

当消费者看到一个昂贵的广告营销时会推断：这家厂商只有在知道它的产品能带来重复购买的时候，才会打这样的广告。因此消费者把广告当作一种产品质量高的信号。

作为信号工具的宗教仪式

以色列裔英国经济学家**吉拉特·列维**（Gilat Levy，1970—）与以色列经济学家**罗尼·拉岑**（Ronny Razin，1939—）揭示了宗教仪式可以作为信徒显示自己虔诚的信号。很多宗教都鼓励精神信仰与社会行为之间的联系。人们观察到，比之不信教者，宗教团体的成员通常表现出与团体成员的合作更加密切。这为团体的成员既提供了物质上的利益，也提供了精神上的利益。

但这种机制要有效的话，只能建立在团体成员知道他们有着共同的信仰作为互动的基础的条件下。因为团体成员身份能带来物质上的好处，非信徒也有着假装自己是真信徒的动机。

为避免来自非信徒的虚假信号，宗教团体发展出了一些很难遵循的宗教仪式——比如独特的衣着、公开的祈祷以及饮食上的限制。因为真信徒从团体成员身份得到了物质上和精神上的好处，对他们来说这些困难的仪式是值得的。

罗尼·拉岑

非信徒从团体成员身份中能得到的只有物质好处。因此如果仪式太难做，就不值得做了。仪式可以给团体成员发出某人是真信徒的信号。

吉拉特·列维

集体中的决策

到目前为止,我们讨论的是每个玩家独自为他或她自己做决策的情况。

然而,决策经常是一个团体的玩家做出的。虽然个体玩家对团体决策有发言权,但不是所有的成员都能在什么是最佳行动方案上达成一致。当每个人都无法得到自己的首选决策时,让整个团体的偏好达成一致就很困难了。

我不是很确定有什么好办法能协调团体中每个人的偏好……

对团体行为的研究为博弈论带来了一个挑战,因为团体作为一个整体可能看起来是**非理性**(irrational)的,就算每个团体成员都是**理性**(rational)的。

理性决策者有着**传递性偏好**（transitive preferences）。意思是如果决策者倾向 A 胜过 B，倾向 B 胜过 C，那么一定会出现的结果就是她倾向 A 胜过 C（符号">"代表"胜过"）：

因此 A > B 与 B > C 可以推导出 A > C

然而，尽管所有的团体成员都是理性的，团体的倾向却可能是**非传递性**（non-transitive）的。

也就是说，对团体而言，A > B 与 B > C 不是一定能推导出 A > C！

我们能在一个实际案例中看到非传递性的团体倾向：城市拥有一片空地，对这块地如何利用有三种提议。它可被用于建造一座公园、一个回收中心或一所新学校。

市议会需要决定选哪个选项。市议会有三人。每个议员都各自有一个首选倾向。

	彼得斯先生	雷诺兹女士	辛格先生
第一选项	公园	回收中心	学校
第二选项	回收中心	学校	公园
第三选项	学校	公园	回收中心

孩子是我们的未来！我们需要建一所学校。

我们必须确保地球的未来——这就是为什么我们急需建造一个回收中心。

让我们来看看哪种选项有最多的支持。

在一系列的投票中，委员每次比较两个选项。假设每个市议员投给自己真正倾向的方案，这被称为**真诚投票**（sincere voting）。

委员会的投票是学校 2-1 公园。作为一个团体他们倾向学校胜过公园，因此他们绝不会建造公园。对这个团体来说：

学校 > 公园

剩下需要决定的就是他们要建学校还是回收中心了。

委员会投票建造回收中心，比分是回收中心 2-1 学校。对这个团体来说：

回收中心 > 学校

事情决定了，委员会认为学校比公园好，而回收中心比学校好。

等一下！我不是很清楚为什么我最喜欢的项目被拒绝了。我们没有在公园和回收中心之间投过票。

好悲伤！我们决定了回收中心比学校好，而学校比公园好。这难道不意味着回收中心比公园好吗？

我同意彼得斯先生。我也倾向一座公园胜过回收中心。让我们在这两者之间再投一次票。

在回收中心和公园之间的投票中，彼得斯先生投给了公园（他的首选），雷诺兹女士投给了回收中心（她的首选），而辛格先生投给了公园，因为回收中心是他的最末选择。委员会认为公园比回收中心更好，比分 2-1。

公园 > 回收中心

委员会内每个人都有传递性的偏好并且真诚地投票。但是当他们以一个团体行动的时候，委员会的偏好却是非传递性的——不管它选择什么，团体总是会觉得有一个更好的选择。

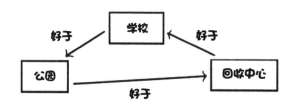

美国经济学家**肯尼斯·阿罗**（Kenneth Arrow，1921— ）在 1972 年被授予诺贝尔经济学奖，因他的一个数学上称为"**阿罗不可能定理**"（Arrow's Impossibility Theorem ）的结论。它揭示了在那些不由专制者主导的团体里，总有可能出现一些情景，其中团体的偏好是非传递性的，我们可能排除一个其实对所有人都更好的选项，或者一个不相干的选项会改变我们的选择。这些问题是团体决策中固有的。

通过加总个体所表达的偏好来试图得到社会总体的判断，总是会有自相矛盾的可能性。

阿罗不可能定理让我们在委员会或议会中看到的奇怪行为变得可理解了。比如说，在委员会工作中，我们经常看到一个议题一次又一次被提上来。

让我们对那片空地的问题再投一次票吧。

我们上周已经决定了我们将把那片空地建成回收中心。

他意识到团体在投票顺序不同的情况下会做出不一致的决策。他知道就算没有什么事情改变，如果这次我们先在公园和回收中心之间投票，我们就会选择公园作为最佳选项。

有很多种安排团体决策的方式。从独裁——一个人依照他或她自己的偏好做所有决策，到古典式民主——所有团体成员都对决策有同样的话语权，在这两种极端之间有无数种制度安排。

阿罗不可能定理显示出，除开独裁制度，不管我们用什么制度决定团体的最佳行动方案，总有团体表现出不一致的可能性。

我们从哪里来……

虽然博弈论在 20 世纪 40 年代才作为一门学科站稳脚跟，但它的核心主题——合作与冲突——与人类社会本身一样古老。

例如说，在英国哲学家**托马斯·霍布斯**（Thomas Hobbes，1588—1679）的书《利维坦》中，他说道：

在缺乏一个强大政府的情况下，生命会是"污秽、野蛮和短暂的"。

他的论点实质上是有博弈论色彩的：没有一个强大的政府来执行合同，合作就会破裂，因为每个人都会担心其他人缺乏道德。这还会带来暴力。

如果他背弃承诺，他会料到有人复仇。那样的话他会在我复仇之前杀掉我。也许我现在就该杀掉他。

如果他怀疑我是否能言而有信，他就可能寻求加害于我。我必须要准备好自我防卫。

早在柏拉图的著作中，博弈论式的推理案例就可以找到了，他记录了苏格拉底回忆出的公元前 424 年的德利姆战役（Battle of Delium）。

我们到哪里去

博弈论作为一门学科的发展给我们提供了广泛的工具，使得更深层次的探索冲突和合作成为可能。

我们现在可以用到前面的内容回答那些难题——如果不是完全不可能的问题，比如：

在鹰鸽博弈中，如果全球变暖让某个物种所竞争的资源变得更稀缺，那么随着时间推移，今后会有更多还是更少的有侵略性的动物呢？

在货币投机博弈中，拥有更高的汇率是增加还是减少了投机性冲击的可能呢？

在逃税博弈中，如果税率提高，我们被审计的概率会怎样变化？

博弈论的数学背景和数学诠释可能对刚接触这个领域或想要习得有关分析工具的人来说很难。因此，在这本书中，我们有意避免了复杂的数学，专注于博弈论的核心思想。

我们讨论了那些玩家只有有限选项的案例。然而，玩家通常需要从连续的选项中做出选择。在这些情景中，博弈论的逻辑是完全一样的，但对它的诠释会变得更加数学化。

例如说，我们可能要探讨一家厂商决定是否打广告。在这个简单的模型中，它选择收益最高的选项。选择是二元的：打广告，或不打广告。在现实中，典型的决策通常是打多少广告。厂商的选择可以是任何水平的广告量。

当你运用这本书里学到的方法时，最终会出现这样一些情景，那就是感到更深层次的知识会有用。或者，你可能有兴趣学习更多的博弈论方法。下一步学习的一个很好的来源是：

吉本斯书中的案例倾向于经济学，但方法是任何领域都有用的。

---

* 这本书在美国以《应用经济学家的博弈论》的书名销售，由普林斯顿大学出版社出版。
　——原书注

在过去的 70 年里，有多种多样的博弈论方法被开发出来服务于战略思考分析。的确，很多工具本质上非常的技术性。

但你无须全套的方法就能用博弈论做出一些有用和有趣的工作。正如同你不需要五金店里所有的工具来安装一个书架，你不需要博弈论工具箱里的每一个工具，获得对合作与冲突兼备的新情景的有用洞察。你在这本书里已经学到的方法足够给你提供有用的洞察了。

关于作者

伊万·帕斯丁博士（Dr Ivan Pastine）是高中和大学辍学生，他对金融危机的博弈论解释已成为哈佛和伦敦政治经济学院博士项目的必读内容。他当过勤杂工，在美国海军当过掌帆长副手，最近这些年在都柏林大学学院担任讲师。

图瓦娜·帕斯丁博士（Dr Tuvana Pastine）是土耳其经济学家，她在爱尔兰的梅努斯大学工作。她的专长是博弈论的应用，并在广泛的领域都发表过研究成果，分析了广告与定价之间的互动、政治竞选筹资、教育领域的"肯定性行动"、主权债务、劳工移民以及国际贸易等问题。

汤姆·哈姆博斯通（Tom Humberstone）是住在爱丁堡的获奖漫画和插画师。他三年来每周为《新政治家》（*New Statesman*）创作一幅政治卡通画，并且继续为《笔尖》（*The Nib*）、Vox 新闻、《卫报》（*The Guardian*）、Vice 新闻和 Image Comics 等其他媒体创作卡通画和插画。他听的播客量简直荒谬。

索引